소라는 까먹어도 한 바구니
안 까먹어도 한 바구니

02 우리말에 깃든 생물이야기

소라는 까먹어도 한 바구니 안 까먹어도 한 바구니

초판 1쇄 발행일 2013년 10월 15일
초판 3쇄 발행일 2017년 5월 26일

지은이 권오길
펴낸이 이원중 **펴낸곳** 지성사 **출판등록일** 1993년 12월 9일 **등록번호** 제10-916호
주소 (03408) 서울시 은평구 진흥로1길 4(역촌동 42-13) 2층
전화 (02) 335-5494 **팩스** (02) 335-5496
홈페이지 지성사.한국 | www.jisungsa.co.kr **이메일** jisungsa@hanmail.net

ISBN 978-89-7889-277-3 (04470)
ISBN 978-89-7889-275-9 (세트)

이 도서의 국립중앙도서관 출판시도서목록(CIP)은 서지정보유통지원시스템 홈페이지
(http://seoji.nl.go.kr)와 국가자료공동목록시스템(http://www.nl.go.kr/kolisnet)에서
이용하실 수 있습니다. (CIP제어번호:CIP2013018675)

소라는 까먹어도 한 바구니 안 까먹어도 한 바구니

지성사

스무 해 넘게 글을 써 오던 중 우연히 '갈등葛藤', '결초보은結草報恩', '청출어람靑出於藍', '숙맥菽麥이다', '쑥대밭이 되었다' 따위의 말에 식물이 오롯이 숨어 있고, '와우각상쟁蝸牛角上爭', '당랑거철螳螂拒轍', '형설지공螢雪之功', '밴댕이 소갈머리', '시치미 떼다'에는 동물들이 깃들었으며, '부유인생蜉蝣人生', '와신상담臥薪嘗膽', '이현령비현령耳懸鈴鼻懸鈴', '재수 옴 올랐다' 등에는 사람이 서려 있음을 알았다. 오랜 관찰이나 부대낌, 느낌이 배인 여러 격언이나 잠언, 속담, 우리가 습관적으로 쓰는 관용어, 옛이야기에서 유래한 한자로 이루어진 고사성어에 생불의 특성들이 고스란히 남겨 있음을 알았다. 글을 쓰는 내내 우리말에 녹아 있는 선현들의 해학과 재능, 재치에 숨넘어갈 듯 흥분하여 혼절할 뻔했다. 아무래도 이런 글은 세상에서 처음 다루는 것이 아닌가 하는 생각에서였으며, 왜 진작 이런 보석을 갈고닦지 않고 묵혔던가 생각하니 후회막급이었다. 그러나 늦다고 여길 때가 가장 빠른 법이라 하며, 세상에 큰일은 어쭙잖게도 우연에서 시작하고 뜻밖에 만들어지는 법이라 하니…….

정말이지 글을 쓰면서 너무도 많은 것을 배우게 된다. 배워 얻는 앎의 기쁨이 없었다면 어찌 지루하고 힘든 글쓰기를 이렇게 오래 버텨 왔겠으며, 이름 석 자 남기겠다고 억지 춘향으로 썼다면 어림도 없는 일이다. 아무튼 한낱 글쟁이로, 건불만도 못한 생물 지식 나부랭이로 긴 세월 삶의 지혜와 역사가 밴 우리말을 풀이한다는 것이 쉽지 않겠지만 있는 머리를 다 짜내 볼 참이다. 고생을 낙으로 삼고 말이지. 누군가 "한 권의 책은 타성으로 얼어붙은 내면을 깨는 도끼다." 라 설파했다. 또 "책은 정신을 담는 그릇으로, 말씀의 집이요 창고"라 했지. 제발 이 책도 읽으나 마나 한 것이 되지 않았으면 좋겠다.

"밭갈이가 육신의 운동이라면 글쓰기는 영혼의 울력"이라고 했다. 그런데 실로 몸이 예전만 못해 걱정이다. 심신이 튼실해야 필력도 건강하고, 몰두하여 생각을 글로 내는 법인데. 이번 작업이 내 생애 마지막 일이라 여기고 혼신의 힘을 다 쏟을 생각이다. 새로 쓰고,

쓴 글에 보태고 빼고 하여 쫀쫀히 엮어 갈 각오다. '조탁彫琢'이란 문장이나 글 따위를 매끄럽게 다듬음을 뜻한다지. 아마도 독자들은 우리말 속담, 관용구, 고사성어에 깊숙이 스며 있는 생물 이야기를 통해 새롭게 생물을 만나 볼 수 있을 터다. 옛날부터 원숭이도 읽을 수 있는 글을 쓰겠다고 장담했고, 다시 읽어도 새로운 글로 느껴지며, 자꾸 눈이 가는, 마음이 한가득 담긴 글을 펼쳐보겠다고 다짐하고 또 다짐했는데, 그게 그리 쉽지 않다. 웅숭깊은 글맛이 든 것도, 번듯한 문장도 아니지만 술술 읽혔으면 한다. 끝으로 이 책에서 옛 어른들의 삶 구석구석을 샅샅이 더듬어 봤으면 한다. 빼어난 우리말을 만들어 주신 현명하고 훌륭한 조상님들을 참 고맙게 여긴다.

차례

인간만사가
새옹지마라!

『회남자淮南子』의 「인간훈人間訓」에 나오는 이야기다.

옛날 중국 북쪽 국경 지대의 한 마을에 노인이 아들과 단둘이 살고 있었다. 하루는 기르던 말이 아무 까닭 없이 도망쳐 오랑캐들이 사는 국경 너머로 들어가고 말았다. 마을 사람들이 찾아와 동정하며 위로하자, 노인은 "이것이 복이 될 줄 누가 알겠소." 하며 걱정하지 않았다. 그럭저럭 몇 달이 지났는데 하루는 뜻밖에도 도망쳤던 말이 오랑캐의 좋은 말 한 필을 데리고 돌아왔다. 마을 사람들이 횡재했다면서 축하하자 노인은 또, "이것이 화가 될 줄 누가 알겠소." 하며 조금도 기뻐하는 기색이 없었다. 그런데 말

10

타기를 좋아했던 노인의 아들이 그 오랑캐의 말을 타고 돌아다니다가 그만 말에서 떨어져 다리를 다치고 말았다. 다행히 목숨은 건졌으나 아들이 절름발이가 된 것을 마을 사람들이 안타까워하자 노인은 "이것이 복이 될 줄 누가 알겠소."라고 담담히 말했다. 그러던 이듬해 어느 날, 갑자기 오랑캐가 국경을 넘어 쳐들어왔다. 하여 마을의 젊은이들은 모두 전쟁터로 나가게 되었고 많은 사람들이 목숨을 잃었지만 노인의 아들은 불구의 몸이라 전쟁터에 나가지 않아도 되어 무사했다고 한다.

그 뒤부터 '변방에 사는 노인의 말'이라는 뜻의 '새옹지마塞翁之馬'는 인생의 길흉화복吉凶禍福은 항상 바뀌어 미리 헤아릴 수가 없다는 말로 쓰이게 되었다. 새옹마塞翁馬, 새옹득실塞翁得失, 새옹화복塞翁禍福이라고도 한다.

이제 본격적으로 말馬 이야기를 해 볼까? 4500～5500만 년 전 지구상에 나타난 말의 조상인 에오히푸스Eohippus는 몸집이 큰 개만 한 것이 앞다리에는 발굽이 4개, 뒷다리에는 3개가 있었고, 어금니도 아주 간단했다. 그러던 것이 이제는 몸집이 1톤에 가까워졌고, 발굽은 모두 하나가 되었으며, 어금니도 크고 복잡해졌다. 그지없는 긴 세월 동안 줄곧 진화하여 이렇게 거듭나게 된 것이다.

말처럼 발굽이 1개인 것을 기제류^{奇蹄類}, 발굽이 2개인 소나 노루, 돼지를 우제류^{偶蹄類}라 부른다. 기록상 가장 작은 말은 26킬로그램, 가장 무거운 것은 1500킬로그램이나 된다고 한다. 말의 뼈는 사람처럼 205개이며, 수명은 25~30년이다. 말은 아주 예민한 동물로 뭍에 사는 포유동물 중에서 가장 큰 눈을 가지며, 그것이 머리의 좌우 양편에 붙어 있어서 온 사방을 예의 주시할 수 있고, 또 귀를 쫑긋 세워 180도 돌릴 수 있어서 머리를 돌리지 않고도 소리를 잘 들을 수 있다. 서서도 자지만 가끔은 숙면에 들기 위해 드러눕기도 하며, 육상 포유동물들 중에서 꽤나 큰 편에 속하니, 이를테면 '말만 한 계집아이'처럼 사람을 말에 비유하거나 '말벌', '말매미'처럼 이름에 '말' 자가 들어가는 것들도 개체 중에 유난히 덩치가 큰 것들을 가리킨다.

말의 염색체는 64개이고 임신 기간은 약 335~340일이며, 유두는 2개로 보통 한배에 한 마리를 낳으며 쌍둥이는 아주 드물다고 한다. 천적이 늘 저만치에서 호시탐탐 눈에 불을 켜고 덮치려 드니, 망아지는 앞다리부터 내밀고 나와 태어나자마자 헐레벌떡 일어서서 뚜벅뚜벅 걷는다. 그런데 말은 얼굴이 유난히 길어 얼굴이 남다르게 길쭉한 선생님이나 친구에게 '마두^{馬頭}'란 별명을 붙였지. 얼굴이 긴 것은 치열^{齒列}이 길기 때문이다. 다섯 살인 말은 보통 36~44개의 이빨을 가지며 이빨의 마모 정도를 보고 나이를 가

늠한다. 먹은 풀의 소화가 맹장에서 일어나며, 말은 물론이고 고라니, 노루 등 순수 초식 동물에게는 지방 소화를 돕는 쓸개즙(담즙)이 필요 없으므로 숫제 쓸개주머니(담낭)가 없어지고 말았다.

현재 지구상에 살고 있는 말의 학명은 *Equus habilis*인데 속명 *Equus*나 종명 *habilis* 모두 다 '짐 신는 말'이라는 뜻이다. 하여 자동차 중에 아주 우람하고 묵직한 에쿠스equus는 '네 바퀴 달린 말'인 셈이다. 또한 옛날에 인기 있었던 포니pony나 갤로퍼galloper 같은 자동차도 '조랑말', '질주하는 말'이라는 뜻이니 자동차 이름들이 이렇게 죄다 말과 연관이 있었구나! 어쨌든 옛날엔 멀고 먼 한양 길에 말이 최고의 교통수단이었고, 급하면 파발마가 달렸으며, 전쟁에 기마騎馬, 논갈이에 농마農馬, 운반용 역마役馬, 오락용 경마競馬, 운동용 승마乘馬로도 쓰였다. 그리고 말가죽으로는 구두, 장갑, 야구공, 야구 글러브를, 발굽으로는 접착제를 만들어 썼으며, 우리가 어릴 적엔 반들거리는 센 말총으로 올가미를 만들어 매미를 낚아챘지.

말보다 덩치가 작은 당나귀의 학명은 *Equus asinus*다. 말과 당나귀는 한통속 같아 보이지만 학명에서 보듯이 종種이 다르다. 그런데 이상하게도 암말과 수탕나귀 사이에 노새가 생겨나니 일종의 종간 교배로, 잡종 노새는 몸집이 아주 크고 힘이 세지만 불임으로 새끼를 낳지 못한다. 예부터 "말은 제주도로 보내고 사람은 서울로 보내라."고 했다. 덩치가 왜소한 제주 조랑말은 중앙아시아 초원에 살았던 몽골의 말로, 1273년에 원나라가 탐라를 침공하면서 들여온 군마軍馬이다. 얼마 전만 해도 개체 수가 적어 천연기념물 제347호로 정해 놓고 보호했는데 요새는 가파르게 수가 늘어나 말고기 육회감으로도 쓰인다고 한다.

그러고 보니 필자는 어릴 적에 소는 타 봤는데 그 신 난다는 말은 타 보지 못했구려. 사람의 욕심이란 한이 없어서 "말 타면 경마 잡히고 싶다."고 했던가. 돌이켜 보면 짧은 덧없는 인생 '주마등走馬燈'처럼 후딱 지나가 버렸다. '인간만사 새옹지마'라, 그러하니 눈앞에 벌어지는 자잘한 결과만 가지고 너무 연연하지 말 것이요, '마이동풍馬耳東風', '우이독경牛耳讀經'이라, 복잡한 세상에 너무 남의 말을 귀담아듣는 것도 피곤하다. 적당히 흘려들으며 살련다. 그러나 '주마가편走馬加鞭'이라고 달려온 관성 또한 잃지 말아야겠다.

네가 뭘 안다고
촉새같이 나불거리느냐?

박근혜 대통령이 새누리당 비상 대책 위원장 시절 기자들에게 한 말 중에 이번에 이야기하려는 내용이 있다. 박근혜 대통령은 인사와 관련된 내용이 공식 발표도 하기 전에 새 나간 것을 마뜩잖게 여기며 "지난번은 어떤 촉새가 나불거려 가지고……."라고 말했는데, 일상은 물론 매스컴에서도 자주 등장하는 "촉새 같다"는 말은 촉새의 어떤 특성 때문에 이렇게 표현하는 것일까?

'촉새'란 진중하지 못하고 오두방정 촐싹거리며 행동하거나, 말하는 것이 가볍고 호들갑을 떠는 채신머리없는 사람, 자기가 낄 자리도 아닌데 경솔하게 촐랑거리며 참견하거나, 가만히 있지 못하고 나서서 재잘재잘 종알대는 입이 싼 사람을 일컫는다. 그럼 실제 촉새도 그럴까? 그렇다. 촉새는 나무에 앉으면 일단 주위 경계를 매우 철저히 하며, 가만히 있지 못하고 쉴 새 없이 머리와 꼬리를 까불거린다. 일반적으로 머리가 아주 명석한 사람이 그런 경향이 있으니 촉새도 그런 점에서 분명 영리한 새일 게다.

촉새(*Emberiza spodocephala*)는 참새목 멧샛과에 속하는 몸길이 16센티미터의 참새 꼴을 하는 소형 조류로, 몸길이가 14센티미터쯤 되는 참새보다 약간 크고 부리도 길며, 청무靑鵐 또는 호작蒿雀이라 불렀다고 한다.

참새목 멧샛과의 새를 아시아나 유럽에서는 sparrow, 아메리카에선 bunting이라 부르고, 미국에서는 촉새를 black-faced bunting이라고 다르게 부른다. 남미가 원산으로 북미를 거쳐 아시아, 유럽으로 이동한 것으로 추정하는데, 갈라파고스Galapagos에 사는 핀치 새Finch bird와 아주 비슷하다고 하니 혹시 같은 조상에서 진화한 것이 아닐까 싶다.

암수가 조금씩 다른 2형성二形性이라, 수놈은 머리와 목, 멱, 가슴이 청회색이고, 등은 회갈색, 허리와 꼬리는 황갈색, 눈과 부리 기부 주변은 검고 배는 노란색이며, 멱과 가슴, 옆구리에는 검은색의 줄무늬가 있다. 암놈은 머리와 뺨이 연한 녹회색이고, 흐린 눈썹선과 회백색의 뺨선이 있다. 윗부리는 암수 모두 암회색이고, 아랫부리와 다리는 연한 갈색이며, 부리의 길이는 11∼

13.5밀리미터, 날개는 64~75밀리미터, 꼬리는 58~69밀리미터 정도이다.

시베리아 동부, 사할린, 일본 북부, 중국 북부와 중서부에 이르는 극동 지역에서 여름에 번식하며, 겨울철에는 일본 남부, 중국 남부, 타이완, 홍콩 등 동남아까지 내려가 월동한다. 4월 중순에서 5월 중순에 북으로 가고, 9월 하순에서 10월 초순에 남으로 이동하는 까닭에 오락가락 지나치는 우리나라 전역에서 볼 수 있는 흔한 나그네새이다. 관목림이나 농경지 부근의 덤불, 평지와 개활지, 고산지에서 볼 수 있으며, 현재는 보호조保護鳥로 지정되어 있다.

촉새는 일부일처로, 번식은 6월에 외딴 하천이나 습지 주변의 관목가지나 땅 위에 마른 풀과 줄기를 엮어 밥공기 모양의 둥지를 만들고 알을 낳는다. 알자리에는 가는 식물의 줄기나 동물의 털 따위를 깐 후, 흰색 바탕에 흑갈색과 자갈색의 반점이 있는 알을 한배에 4~5개 낳는다. 13~14일 정도 품은 뒤 12~13일 동안 알에서 깐 새끼를 키우면 다 자란 새끼는 둥지를 떠난다. 잡초씨, 곡식 낟알 및 곤충의 어른벌레와 애벌레, 거미 등을 먹는다. 물론 새끼들에게는 다른 새들과 마찬가지로 되도록 단백질이 풍부한 벌레만 잡아 먹인다.

촉새 덕에 새 이야기를 좀 덧붙이겠다. 새를 이동에 초점을 맞춰서 보면, 한곳에 진득하게 늘 머무는 텃새와 먼 길을 간신히 오가는 철새로 크게 나눈다. 철새 중 우리나라에서 여름을 지내면서 새끼를 치는 여름 철새는 고만고만하고 자잘한 숲새이고, 시베리아에서 산란하고 우리나라에 와서 겨울을 지내는 겨울 철새는 거의가 덩치 큰 물새이다. 그리고 남이나 북으로 가기 위해 잠깐 쉬면서 먹이를 먹어 힘을 돋우느라 잠깐 우리나라에 머무는 나그네새, 자칫 질풍이나 거친 태풍으로 갈팡질팡 갈피를 못잡고 엉뚱하게 이리저리 헤매다가 끝내 후미진 곳으로 온 길 잃은 미조迷鳥, 여름에는 높은 산에서 살며 나무에 집을 지어 번식하면서 벌레를 잡아 먹다가 벌레가 없는 겨울엔 산 아래로 내려와 나무 열매나 꽃의 꿀물을 먹는 동박새나 굴뚝새 같은 떠돌이새 등으로 나뉜다. 그러니 떠돌이새는 일종의 서성이는 텃새인 셈이다.

또한 새는 식성이나 서식처를 기준으로는 수금류, 맹금류, 명금류, 주금류로 분류할 수도 있다. 식성에 따라 부리의 길이가 날라지고, 서식처에 따라 날개의 모양이나 다리의 길이가 달라지기 때문이다. 우선 수금류水禽類는 물에 사는 새들을 말하는데, 오리처럼 물 위나 물속에서 작달막한 물갈퀴 달린 다리로 자맥질하는 유수류遊禽類와 두루미처럼 긴 다리로 걸어 다니는 꺽다리 새인 섭수류涉禽類로 다시 나뉜다. 독수리, 부엉이와 같이 몸이 강건하고 부리와 발톱이 아주 날카로워 바람을 가르며 날면서 눈에 띄는 족족 먹이를 잡아먹는 육식성 새들은 맹금류猛禽類, 목울대가 발달하여 노래를 잘 부르는 참새목의 새들은 명금류鳴禽類, 날개가 퇴화하여 뜀박질을 하는 타조, 키위kiwi, 에뮤emu 등과 같은 새들은 주금류走禽類로 분류된다. 이 글의 주인공인 촉새는 명금류에 속한다. 그래서 아주 짧게 앙칼진 금속성 소리를 내면서 지저귀는데, 보통 때는 '쯧쯧쯧' 하고 울지만 번식기에는 '찌리리리 찌리찌찌 찌리리찌' 하며 운다.

저쫠
저쫠
저쫠
저쫠

어찌 되었든 부디 얄팍하게 해롱거리는 촐랑이 촉새가 되지는 말자. 말이나 행동, 몸가짐을 삼가 신중하게 하고, 스스로를 소중히 여기는 자중자애自重自愛를 실천하자!

고양이
쥐 생각한다

본디 좋아하는 것을 짐짓 싫다고 거절할 때를 비꼬아 "고양이가 쥐를 마다한다." 하고, 사이가 매우 나빠서 서로 으르렁거리며 해칠 기회만 찾는 모양을 "고양이 개 보듯 한다."라고 한다. 실행하기 어려운 것을 공연히 의논할 때를 가리켜 "고양이 목에 방울 달기"라 하고, 어떤 일이나 사물을 믿지 못할 사람에게 맡겨 놓고 마음이 놓이지 않아 걱정함을 "고양이한테 생선 맡기기"라 하며, 세수를 하되 콧등에 물만 묻히는 정도로 하나 마나 하게 하면 "고양이 세수하듯"이라 한다. 속으로는 해칠 마음을 품고 있으면서도 겉으로는 생각해 주는 척할 때 "고양이 쥐 생각한다." 하며, 무서운 사람 앞에서 설설 기면서 꼼짝 못할 때 "고양이 앞에 쥐"

라고 한다. 무엇이나 보기만 하면 결딴을 내고야 마는 사람을 "쥐 본 고양이 같다." 하고, 겉으로는 얌전하고 아무것도 못할 것처럼 보이는 사람이 딴짓을 하거나 자기 실속을 영락없이 다 차릴 적에 "얌전한 고양이 부뚜막에 먼저 올라간다."고 한다. 고양이에 얽힌 수많은 속담 중 일부만 옮겼는데도 이렇게 많다. 우리와 고양이가 가깝게 지냈다는 증거이리라!

고양이[Felis catus]는 식육목食肉目 고양잇과에 속하는 야행성 육식 포유동물로 38개의 염색체와 2만여 개의 유전자를 가진다. 몸 높이는 보통 23~25센티미터, 몸길이는 46센티미터에 꼬리는 30센티미터, 몸무게 7.5~8.5킬로그램으로 호랑이, 사자, 표범, 치타, 퓨마, 스라소니, 살쾡이 등 고양잇과 41종 중에서 작은 편에 속한다. 임신 기간은 약 65일 정도이고, 한배에 4~6마리의 새끼를 낳는다. "고양이 달걀 굴리듯 한다."는 말이 있듯이 고양이 새끼들은 장난감 같은 것을 가지고 이리저리 나부대기를 좋아하는데 이는 사냥 흉내를 내는 것이다. 약 1만 년 전 신석기 시대부터 가축화하여 키웠으며, 아프리카의 야생고양이[Felis silvestris]가 고양이의 조상이라는 것이 근래 밝혀졌다고 한다.

고양잇과 동물은 하나같이 몸이 유연하고 빠르고 반사적이며, 예리한 발톱에 먹잇감을 재빠르게 물 수 있는 이빨이 있다. 고양이 앞발에는 5개의 발가락, 뒷발에는 4개의 발가락이 있고, 각

발가락 끝에는 날카로운 발톱이 있다. 발바닥에는 말랑말랑한 근육 덩어리와 털이 있어서 소리 내지 않고 살금살금 걷고 발톱을 감출 수 있지만 사냥을 하거나 자기방어를 할 때, 어딘가를 기어오르거나 할퀼 때는 발톱을 쫙 편다. 하여 재주 있는 사람이 재주를 감추고 드러내지 않을 때 "고양이는 발톱을 감춘다."라고 표현한다.

고양이는 개와 마찬가지로 발가락으로 걷는 지행성趾行性이며 앞발이 닿은 자리에 딱 뒷발을 갖다 놓으므로 지나간 흔적을 줄인다. 그래서 고양이가 지나간 잔디는 다치지 않으나 사람이 지나간 곳에는 길이 생긴다고 하는 것. 조용히, 천천히 움직일 때는 낙타나 기린처럼 한쪽 앞다리와 뒷다리를 동시에 움직이지만 잰걸음일 때는 다른 동물들처럼 다리들을 엇갈리게 걷는다.

완전 육식성이라 창자가 무척 짧은 편이며 식물성은 소화시키지 못하지만 걸핏하면 풀을 뜯어 먹으니, 비타민 B의 일종인 엽산을 보충하고 섬유소를 얻기 위함이라 한다. 입가의 수염은 접촉에 예민하고, 귓바퀴를 움직여 바스락하는 낮은 소리도 아주 잘 듣는다. 고양이는 일반적인 다른 동물들과 비교했을 때 월등히 잠을 많이 자는데, 하루에 무려 12~16시간이나 잔다. 이는 잠을 많이 잠으로써 힘을 비축하는 것이라고 한다. 낮밤을 모두 활동하지만 밤에 더 활동적이며, 사람이 느낄 수 있는 빛의 6분의 1에도 사물을 볼 수 있다. 야행성 동물들은 망막에 반사막인 은색 반사판이 있으며, 거기에는 구아닌guanine이란 감광 색소가 있어서 빛을 반사하기도 하지만 옅은 빛을 흡수하기도 한다. 밤에 고양이 눈에서 이상한 빛이 나는 것은 바로 이 구아닌이라는 물질 때문이다. 그리고 고양이나 뱀은 엉큼해 보이는 세로로 째진 눈동자인데 이런 눈을 수직 눈동자, 염소나 말처럼 가로로 째진 눈동자를 수평 눈동자라 하며, 사람은 둥근 눈동자다.

고양이는 체온이 사람보다 높아 섭씨 38.6도이고, 땀을 흘리지 않으며 아주 더우면 개처럼 헐떡거려 입으로 열을 발산한다. 까끌까끌한 혓바닥에는 뒤로 젖혀진 작고 거친 케라틴 돌기가 한가득 나 있어서, 혀로 음식을 핥아 먹거나 털을 깨끗이 닦는 데 용이하다. 그렇게 혀로 털을 닦느라 위장에 모인 털 뭉치는 가끔씩 토해서 뱉어 낸다. 고양이는 기분이 좋아 우의友誼를 나타낼 땐 곰살갑게 꼬리를 바짝 곧추세우지만, 적의敵意를 표시할 때는 귀를 납작하게 펴고 등짝을 구부리거나 털을 세우고, 얄망궂게 큰 소리를 지르며 이빨을 드러내고, 옆 걸음질하면서 상대를 겁준다. 높은 곳에서 냅다 거침없이, 날렵하게 내리 덮치는 특성이 있으며, 높은 곳에서 몸을 번드쳐 곤두박질하다가도 몸을 비틀어 꼬고, 뒷다리를 쫙 펴서 각도를 맞춰 발을 땅에 닿게 하니 고양이는 굴러떨어지는 법이 없다. 그래서 사람들이 흔히 고양이를 팔랑팔랑 나는 나비에 빗대어 부르지 않나 싶다. 사람은 팔이 고정된 쇄골에 끼어 있지만 고양이는 쇄골이 자유자재로 움직여서 좁은 공간도 잘 빠져나간다.

중국은 덩샤오핑의 유명한 말 "검은 고양이든 흰 고양이든 쥐만 잡으면 된다."라는 이른바 '흑묘백묘론黑猫白猫論' 덕택에 세계에서 미국 다음으로 큰 나라로 성장했다고 한다. 그런데 세계 도처에서 개보다 고양이를 더 많이 키우며, 버려지거나 집 잃은 길고양이가 번식력이 썩 높은 통에 많은 나라들이 골머리를 앓고 있다. 너무 적으면 기껏 보호한다고 야단이고, 턱없이 많으면 막무가내로 그저 잡아 죽이기 바쁘구나. 중언부언重言復言하지만 중용中庸과 중도中道, 균형과 평형이 이토록 어려운 것이다.

콩이랑 보리도 구분 못하는
무식한 놈, 숙맥불변

콩 이야기를 하려니까 콩밭 매는 아낙네를 애절하게 부르는 노래 「칠갑산」이 느닷없이 떠오른다. 사실 필자도 어릴 적에는 푹푹 쪄 숨이 콱콱 막혀 오는, 쩔쩔 끓는 여름에도 엄마 따라서 콩밭을 자주 맸기에 그런다. 그렇게 더울 때 콩밭을 매는 게 죽기보다 싫었지만 목구멍이 포도청이니 죽기 살기로 호미로 흙 파고 긁으며 밭골을 헤맸지. 그래서 지금도 노래방에만 갔다 하면 콩밭 매시던 어머니를 생각하며 이 노래를 목청껏 부른다.

고목나무 껍질 같은 두 손은 힘든 일에 손톱 발톱 길 새 없으셨고, 짠 된장에 박은 질기고 꺼칠한 콩잎을 밥술에 얹어 잡수시던 어머니 모습이 마냥 선하다. 그리운 어머니!

"그 친구는 세상 물정 모르는 숙맥이야!"라고 할 때 쓰는 '숙맥불변菽麥不辨'이라는 말이 있다. 콩菽인지 보리麥인지를 구별하지 못한다는 뜻으로, 사리 분별을 못하고 세상 물정을 잘 모르는 모자라고 어리석은 사람을 이르는 말이다. 속담에서는 "낫 놓고 기역 자도 모른다."고 하고, 고무래를 보고도 고무래 정丁 자를 모르는 '목불식정目不識丁', 어魚 자와 노魯 자를 구별 못하는 '어로불변魚魯不辨', 글자 한 자도 모르는 '일자무식一字無識'도 같은 뜻이다. 요즘에는 빨래집게를 옆에 놓고도 A자를 모른다거나 콩팥이 콩과 팥을 닮아 붙은 이름임을 몰라도 숙맥에 들 것이다.

보리는 앞서 1권에서 다뤘기에 여기에서는 콩을 살펴보도록 하겠다. 콩에 얽힌 속담은 많기도 하다. 영 비딱하여 남의 말을 인정하지 않으려 들 때 "콩 가지고 두부 만든대도 곧이 안 듣는다."거나 "콩으로 메주를 쑨다 해도 곧이듣지 않는다."고 한다. "콩 심은 데 콩 나고 팥 심은 데 팥 난다."란 모든 일은 근본에 따라 걸맞은 결과가 나타나는 것임을, 또 "콩밭에 가서 두부 찾는다."거나 "우물에 가 숭늉 찾는다."는 일의 순서도 모르고 성급하게 덤빔을, "가물에 콩 나듯"이란 어떤 일이나 물건이 어쩌다 하나씩 드문드문 있는 경우를 비유적으로 일컫는 말이다.

콩Glycine max은 떡잎이 둘인 쌍떡잎식물로 장미목 콩과의 한해살이풀이다. 콩과 식물에는 땅콩, 팥, 토끼풀, 아까시나무, 싸리나무, 등나무, 칡 등이 있으며, 콩과 식물은 뿌리혹박테리아가 공생하기에 질소 성분이 적은 땅에서도 잘 살고 땅을 걸게 한다. 토끼풀을 꽃삽으로 푹 파서 흙을 떨어 버리고 보면 뿌리에 혹이 조롱조롱 달려 있으니 그것이 뿌리혹이요, 그 속에 뿌리혹박테리아가 한가득 들었다.

옛날부터 콩을 심을 때는 3개씩 심었다고 한다. 거기에는 새 한입, 벌레 한입, 나 한입이라는 의미가 담겨 있으니 우리 조상님들이 얼마나 넉넉하셨던가. 콩이 자라 줄기가 어느 정도 뻗으면 순지르기를 하는데, 그러면 아랫마디에서 새 줄기가 2개 생겨 꽃을 많이 피운다. 콩은 줄기가 50~80센티미터로 곧게 서며, 3장의 작은 잎은 달걀 모양으로 가장자리가 밋밋하다. 꽃은 7~8월에 자줏빛이 도는 붉은색 또는 흰색으로 피고, 종鐘 모양의 꽃받침은 끝이 5개로 갈라지며, 꽃잎은 나비 모양이다. 열매는 꼬투리로 맺히는 협과莢果로, 4~7개의 종자가 들어 있으며, 다 익으면 씨방이 변한 콩깍지가 저절로 터져 또르르 말리면서 종자를 멀리 흩어지게 한다. 앞이 무언가에 가리어 사물을 정확하게 못보거나, 사랑에 푹 빠져 상대의 단점을 제대로 못 볼 때 "눈에 콩깍지가 씌었다." 하고, 괜히 따지거나 시비걸 때 "꼬투리 잡는다."고 하지.

콩은 단백질 40퍼센트, 지방 18퍼센트, 당분 7퍼센트, 회분

4.6퍼센트, 섬유질 3.5퍼센트 등으로 구성되어 있다. 단백질이 많지만 녹말은 아주 적은 편이다. 비릿한 생콩을 먹으면 배탈이 나서 설사를 하기도 한다. 그래서 콩으로 콩나물, 두부, 간장, 된장, 청국장, 두유, 마가린, 아이스크림, 요구르트, 치즈, 콩고기 등으로 만들어 먹는다. 그러나 뭐니 뭐니 해도 세계에서 유일무이한 우리나라 특산종인 콩나물은 싹이 돋으면서 비타민 C가 풍부해진다. 노란색 콩 껍질에는 이소플라본isoflavone 계 색소, 검정색 콩 껍질에는 안토시아닌anthocyanin 계 색소가 많다. 이소플라본은 여성 호르몬인 에스트로젠estrogen과 유사하여 에스트로젠 분비를 유도하는 물질로, 식물성 에스트로젠phytoestrogen이라고도 불린다.

콩과 보리를 구분하지 못한다고 '숙맥불변'이라 한다지만 실제로는 콩과 팥이 매우 닮아 필자도 가끔 헤맨다. 그래서 민망스럽게도 "콩을 팥이라고 우긴다."는 속담이 있고, 쓸데없이 남의 일에 간섭하는 것을 일컫는 "남의 일에 콩 놔라 팥 놔라."라는 속담도 있다. 콩이 단백질 식품이라면 팥은 탄수화물 식품이다. 팥[Phaseolus angularis] 또한 쌍떡잎식물 장미목 콩과의 한해살이풀로 소두小豆, 적소두赤小豆라고도 하며 소위 말해서 같은 과다. 팥꼬투리는 길이 10센티미터 정도로 가늘고 긴 원통형으로 속에 3∼10개의 종자가 들어 있으며, 팥에는 녹말 등의 탄수화물이 약 50

퍼센트, 나머지 단백질 등이 20퍼센트 정도 함유되어 있다. 반드레한 태깔을 한 팥 껍질의 붉은 색소는 안토시안이다. 팥은 보통 팥밥, 팥고물, 팥소 등으로 많이 쓰지만 동짓날에는 벌건 팥죽을 쑤어 시절 음식으로 먹으며, 액운을 막는다고 문짝이나 벽에 뿌리는 풍습이 있다.

남의 밭에서 풋콩 바심하여 모닥불에 구워 먹는 것을 콩서리라고 한다. 마냥 들떠 입가가 까맣게 되는 줄도 모르고 입이 미어지게 욱여넣고는 우걱우걱 씹어 먹던 일이 추억으로 붙박이 하고 있다. 꼬투리째 입에 쑤셔 넣어 이로 하모니카 불듯이 훑어 내 씨알을 꾹꾹 씹으니, 단백질이 턱없이 부족할 땐지라 달착지근하기 짝이 없었다. 초근목피도 마다 않는 판이었으니 고소한 단백질에 입이 경기가 날 지경이었지!

어릴 때 키득키득 웃으며 이런 말장난을 많이 했다. 다음 글을 재빨리 읽어 보자. "저 콩깍지 깐 콩깍진가 안 깐 콩깍진가?", "저 나무 말馬 맬 만한 나문가 말 못 맬 만한 나문가?"

'숙맥불변' 의 늙음에도 이리 어림이 한가득하다!

도로 물려라,
말짱 도루묵이다!

조선 14대 임금 선조宣祖가 임진왜란으로 피란길에 올랐다. 왜적이 한양 가까이 몰아쳐 올라오고 있어 서둘러 궁궐을 떠나 북으로 가는 길이었다. 임금의 행차는 어둑어둑해질 무렵에야 가까스로 임진강 가에 다다랐다. 일모도원日暮途遠이라, 해는 저물었는데 갈 길은 멀기만 하구나. 어지간히 날은 차고 허기까지 치밀어 올랐지만 피란길에 먹을거리를 어디서 찾는단 말인가. 이 딱한 소리를 듣고 어느 착한 어부가 임금께 정성스레 저녁 밥상을 차려 올렸다. 보나 마나 기껏 꽁보리밥에 나물, 생선 나부랭이가 전부인 초라한 수라상이었다. 그러나 무척 시장했던 임금은 밥 한 공기를 허겁지겁 후딱 다 비우고는 볶아치듯 어부를 불렀다.

"도대체 이렇게 맛있는 생선의 이름이 무엇인고?"

임금 앞에 머리를 조아린 어부는 머뭇거림 없이 "예, 묵이라 합니다."라고 대답했다.

"묵이라……."

임금은 잠깐 생각에 잠겼다가 이윽고 "그 이름은 이 맛있는 생선에는 어울리지 않는구나. 너무 하찮게 들리니 이제부터 이 생선을 '은어銀魚'라고 불러라."라고 하였다.

그 뒤 전쟁이 끝나고 궁궐로 돌아온 임금은 어느 날 수라상을 받고는 생뚱맞게도 은어를 대령하라고 분부했다. 피란길에 맛있게 먹었던 그 맛을 잊을 수가 없었던 것이다. 그런데 드디어 상에 오른 은어를 먹던 임금은 갑자기 젓가락을 내려놓았다. 피란길 임진강 근처에서 먹었던 그 감칠맛이 아니었던 것. 화가 난 임금은 그 생선을 은어라고 부르지 말고 도로 예전처럼 묵이라 부르라고 명하였다.

이처럼 묵이 잠깐 환대歡待받다가 다시 박대薄待를 받아 도루묵이란 이름이 되었다는 이야기인데, 어쩐지 뭔가 아귀가 맞지 않는 면이 있다. 은어는 강에 사는 물고기요, 도루묵은 우리나라 동해, 일본, 러시아의 캄차카 반도 등 주로 북태평양에서 잡히는 바닷물고기가 아닌가. 그러나 이런들 어떠하며 저런들 어떠하리. 만수산 드렁칡이 얽혀진들 어떠하리. 도루묵은 도루묵이니까. 그런데 실제로 도루묵은 기름지지도 않고 보잘것없는 물고기 정도로 취급된다. "말짱 도루묵"이라는 관용어가 생겨난 것만 보아도 도루묵이 푸대접받는 물고기라는 것을 짐작할 수 있다. 잔뜩 기대를 하며 그물을 건져 보았으나 질 좋은 윗길 놈은 하나도 없고 모조리 핫길, 아랫자리인 도루묵뿐이었을 때 "말짱 도루묵"이라 하지 않는가. 이는 아무 소득이 없는 헛일이나 헛수고를 속되게 이르는 말이다. 여기서 '말짱'이란 '속속들이 모두'라는 뜻이다.

도루묵[Arctoscopus japonicus]은 농어목 도루묵과의 해산어海産魚로 수심 200∼400미터의 모래가 섞인 펄 바닥에 주로 서식하면서 어린 물고기나 새우, 새끼 오징어, 해조류 등을 먹는다. 산란철인 11∼12월에는 알을 낳기 위해 먼 바다에서 연안으로 봇물처럼 몰려와 한 마리가 보통 1500여 개의 알을 낳아 모자반, 청각 따위의 해초에 붙여 놓는다. 산란을 끝낸 성어는 곧바로 먼 바다로 나가지만 치어는 겨울 동안 근해에 머물다가 이듬해 5월경에 떠난다. 요즘에는 해초의 고갈과 어류 남획으로 어획량이 확 줄어 인공 해초를 만들어 주고 치어를 키워 방류하기도 한다. 그래서 12월은 어획이 금지되는 금어기禁漁期이다.

산란 준비기인 10∼11월 초순에 살이 오르고 기름져 이때 잡은 것이 가장 맛있고, 특히 산란을 앞두고 알이 가득 들어찬 암놈이 맛이 좋다. 주로 소금구이, 찜, 찌개, 매운탕 등으로 조리해 먹는데, 살이 뽀얗고 부드러우며 씹는 질감이 조기와 비슷하다. 비린내가 덜하고 잔가시가 없으며 뼈가 무른 편이지만, 요리를 하면 미끈거려 꺼리는 사람들도 있다. 하지만 누가 뭐라 해도 입안에서 톡톡 터지는 달착지근한 알에다 얼큰하고 들큼한 도루묵찌개는 일품이다. 군침이 도는구려! 내 큰 딸내미가 어릴 적부터 오도독오도독 씹히는 도루묵 알을 그리 좋아해 요새도 도루묵 철엔 집사람이 알밴 도루묵을 사다가 소금 뿌려 꾸들꾸들 말린 반건조 도루묵을 보내 준다. 정 보따리라는 거지.

목어木魚라고도 부르는 도루묵은 몸이 조금 납작한 편으로 제1 등지느러미 가운데 부분에서 몸높이가 가장 높고, 머리는 작은 편이며 아래턱이 위턱보다 돌출되어 있다. 양턱에는 매우 작은 이빨이 한 줄로 나 있으며, 머리뼈에도 가느다란 솜털 모양의 이빨인 융모치絨毛齒가 띠를 형성하고 있다. 아가미뚜껑을 지지하는 뼈인 전새개골前鰓蓋骨에는 5개의 날카로운 가시가 나 있다. 평균 몸길이가 14센티미터지만 최고로 큰 것은 30센티미터에 달하며, 무게는 평균값이 200그램이다. 눈은 비교적 크며, 측선은 등쪽에 치우쳐 일직선으로 뻗었으며, 그 아래인 배 부분은 은백색을 띠고, 등에는 짙은 갈색의 얼룩무늬가 산재해 있다. 입 모양, 가슴지느러미의 형태로 미루어 도루묵은 바다 밑바닥에서 몸의 일부를 묻은 채 지낸다는 것을 알 수 있다. 그래서 어선으로 끌그

물을 끌어서 해저에 있는 고기를 잡기도 하고, 수심 50미터 이하의 연안에 일정 기간 그물을 설치해 놓고 도루묵이 그물 속으로 들어가게 해서 잡기도 한다.

한편 "십년공부 도로 아미타불"이라, 오랫동안 공들인 일이 허사가 되었으니 "말짱 도루묵"과 "도로 아미타불"은 서로 일맥상통한다 하겠다.

옛날에 한 젊은 중이 살았다. 그는 여느 때처럼 어느 마을에 시주를 받으러 갔다가 아리따운 처녀를 보고 그만 상사병에 걸리고 말았다. 그러다 고민 끝에 처녀에게 청혼을 했는데 그 처녀는 10년 동안 한 방에서 같이 살되 손도 잡지 말고 바라만 보면서 친구처럼 지내면 10년 후에는 아내가 되어 주겠다고 약속했다. 그리하여 다음 날이면 10년이 되는 날 밤, 중은 그만 그 하루를 더 참지 못하고 처녀의 손을 덥석 잡아 버리고 말았다. 그러자 깜짝 놀란 처녀는 파랑새가 되어 날아가 버렸다.

이리하여 10년 노력이 허사가 되고 말았다는 이야기인데, 여기서 "십년공부 도로 아미타불"이라는 말이 생겨났다 한다. 애달프다, 어이 하리. '도로무공徒勞無功'이라, 헛되이 수고만 하고 공을 들인 보람이 없구나. 나무아미타불 관세음보살!

미꾸라지
용 됐다

먼저 미꾸라지 속담 몇 개를 살펴보자. 물고기 민어民魚 부레를 말려 두었다가 물에 넣어 끓여서 만든 접착제를 '부레풀'이라 하는데 들러붙는 힘이 아교보다도 뛰어나 주로 목공예나 나전칠기를 만들 때 쓴다. 하여 "미꾸라지 속에도 부레풀은 있다."란 말이 있으니, 아무리 보잘것없고 가난한 사람이라도 남이 가지고 있는 속도 있고 오기도 있음을 뜻하고, "미꾸라지 천 년에 용 된다."는 무슨 일이든 오랜 시일을 두고 힘써 닦으면 반드시 훌륭하게 될 수 있음을 의미하는 속담이다. 또한 "미꾸라지 한 마리가 온 웅덩이를 흐려 놓는다."는 한 사람의 좋지 않은 행동이 어떤 집단이나 여러 사람에게 나쁜 영향을 미침을 비유하여 이르는 말이요, "미꾸라지 볼가심하다."는 미꾸라지가 입가심할 만큼 매우 적은 양을 일컫는 말로 "메기 침만큼"과도 통하는 속담이다.

미꾸라지는 추어鰍魚라고도 하는데, 한자를 보면 분명 미꾸라지가 가을과 관련되어 있음을 알 수 있으니, 가을엔 추어탕鰍魚湯이 으뜸 보신탕이렷다! 그런데 사람들이 흔히 말하는 '미꾸리'와 '미꾸라지'는 어떤 점이 같고 어떤 점이 다를까? 미꾸리와 미꾸라지는 같은 속屬이다. 서로 비슷할 적에 흔히 같은 과科라고 하는데, 하물며 이 둘은 같은 속이니 하도 쏙 빼닮아서 보통 사람들은 여간해서는 구별하지 못한다. 그러나 이제는 쉽게 알 수 있을 것이다. 이 둘의 가장 큰 차이점은 입수염과 몸통에 있다. 미꾸리는 수염이 짧고 몸통이 둥그스름한 데 비해, 미꾸라지는 수염이 길고 몸이 좀 납작한 편이다. 그래서 흔히들 미꾸리를 '둥글이'라 하고, 미꾸라지를 '납작이'라고 부르며, 맛은 미꾸리가 더 좋다고 한다.

둘의 특징을 간단히 보면 미꾸리속[Misgurnus]에 드는 미꾸리[Misgurnus anguillicaudatus]와 미꾸라지[Misgurnus mizolepis]는 둘 다 잉어목 기름종갯과의 민물고기이다. 미꾸리는 진흙이 깔린 늪이나 연못, 논, 웅덩이 등에 살며, 등은 짙은 검은색, 배는 연한 노란색 또는 흰색이지만 서식처의 환경에 따라 몸색깔을 잘 바꾼다. 작은 눈은 머리 위쪽에 있고 입은 아래쪽으로 향했으며, 입가에 있

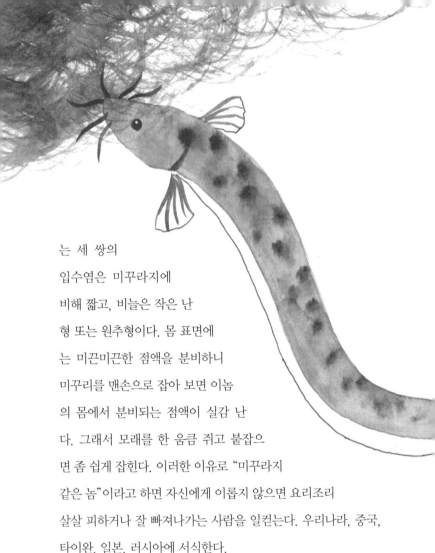

는 세 쌍의

입수염은 미꾸라지에

비해 짧고, 비늘은 작은 난

형 또는 원추형이다. 몸 표면에

는 미끈미끈한 점액을 분비하니

미꾸리를 맨손으로 잡아 보면 이놈

의 몸에서 분비되는 점액이 실감 난

다. 그래서 모래를 한 움큼 쥐고 붙잡으

면 좀 쉽게 잡힌다. 이러한 이유로 "미꾸라지

같은 놈"이라고 하면 자신에게 이롭지 않으면 요리조리

살살 피하거나 잘 빠져나가는 사람을 일컫는다. 우리나라, 중국,

타이완, 일본, 러시아에 서식한다.

　　미꾸리 사촌인 미꾸라지는 황갈색 바탕에 등은 검은색, 배는

회색이다. 서식처나 생리, 생태가 미꾸리와 크게 다르지 않다. 생

김새는 미꾸리에 비해 몸이 짧고 홀쭉하며 납작하고, 세 쌍의 입수염이 미꾸리에 비해 긴 편이다. 잡식성으로 식물성인 조류를 비롯해 동물성 플랑크톤, 장구벌레나 실지렁이 등을 잡아먹는다. 우리나라에 분포하는 미꾸리속은 미꾸리와 미꾸라지 2종뿐으로 오염된 물에서도 잘 산다. 동남아가 원산지이지만 우리나라, 중국, 타이완 등을 비롯해 유럽이나 북미에도 도입되어 널리 살고 있다.

미꾸리는 이름의 어원이 여간 재미나지 않다. 미꾸리나 미꾸라지는 모두 아가미로 호흡하지만, 물속에 산소가 적어지면 물 위로 허둥지둥 올라가 입으로 공기를 마시고 내려간다. 입에 든 공기를 삼켜서 공기가 창자로 내려가면 산소가 흡수되고 대신 나온 이산화탄소를

항문으로 방울방울 내보내니 이를 창자 호흡이라 한다. 그런데 이게 사람들이 볼 때는 이놈들이 방귀를 뀌는 걸로 보였던 것이다. 그래서 이놈은 밑이 구리다고 '밑구리'가 되었고, 그것이 '미꾸리'로 변했다는 이야기다. 보통 이름은 생김새에서 유래하는데, 이놈은 좀 별난 것에 이름의 어원이 들었다.

그런데 이놈들은 별난 것이 또 있다. 사랑 욕구가 여느 동물보다 겁박劫迫하듯 동적이고 강렬한 것이다. 2년만 자라면 날로 성숙하여 산란을 하는데 4~7월의 산란기가 되면 암놈 주변에 수놈들이 몰려와 주둥이로 암놈의 항문이나 아가미, 봉긋 솟은 가슴빼기, 탱탱하고 불룩한 배 바닥을 슬쩍슬쩍 스쳐 문지르는 구애 행위를 한다. 그러면 여태 심드렁하던 암놈이 수놈의 부추김에 스르르 홀려 수면으로 천천히 떠오르고, 그렇게 세상을 다 얻은 수놈은 잽싸게 암놈의 항문을 중심으로 온몸을 칭칭 틀어 감고 세차게 조여 간다. 자칫 저러다 죽는 게 아닐까 하는 생각이 들 정도로 한바탕 세게 번드치기도 하고 또 더 강하게 꽈배기를 꼬기도 한다. 그런데 어떻게 그 미끄러운 놈들이 저렇게 으르듯 몸부림치면서 껴안아 감고 비빌 수가 있담? 아하, 그럼 그렇지! 수놈의 가슴지느러미 중에서 제2번 지느러미의 두껍고 부풀어진 뼈 구조인 골질반骨質盤이 암놈의 배를 쿡 찌르기 때문에 서로 떨어지지 않는다고 한다. 그래서 교미가 끝나고 초주검이 된 암놈의 배에는 푹 파인 홈까지 남는다고 하는데, 이런 행위는 2~3분 간격으로 여러 번 되풀이된다. 그 뒤 알을 낳으면 미꾸리는 진흙이나 모래에 묻지만, 미꾸라지는 벼 줄기나 수초에 붙여 놓는다. 그리고 미꾸리와 미꾸라지는 논바닥에 얼음이 얼기 전에 서둘러 논바닥 진흙 속 깊은 곳, 얼추 30센티미터나 되는 깊은 곳에 파고 들어가 꼬리를 사리고, 몸을 웅크리고 창자 호흡으로 근근이 겨울을 난다.

　미천하고 보잘것없던 사람이 크게 되었음을 두고 사람들은 흔히 "미꾸라지 용 됐다."라고 한다. 그리고 "미꾸라지가 여름 하늘에서 비를 타고 내린다."라는 말도 있는데 실제로 비가 억수같이 퍼부어 길바닥에 물골이 생기면 눈먼 미꾸라지 놈들이 영문도 모르고 덩달아 제 세상 만난 듯 다짜고짜 물길을 따라 우르르 거슬러 쫓아 오르니 뭇사람들은 미꾸라지가 승천昇天하는 것으로 여겼던 것이리라. 그래서 변변하지 못한 환경에도 훌륭하게 출세했을 때 "개천에서 용 났다."라고 하니, 이는 억판으로 가난하여 중학교도 못 가고 뒷산에서 지게 지고 나무하던 필자를 두고 하는 말인 듯!

손톱은 슬플 때마다 돋고, 발톱은 기쁠 때마다 돋는다

오랜만에 손을 주욱 펴고 손가락 이름을 부르면서 골똘히 들여다본다. 맞다! 가운뎃손가락이 제일 길다. 그렇다면 당신의 검지와 약지는 어느 것이 더 긴가? 필자는 약지가 검지보다 길지만 아마도 어떤 이는 분명 검지가 약지보다 더 길 터. "한 어미 자식도 아롱이다롱이"라고 세상일은 무엇이나 똑같은 것이 없다. 그러니 제 손가락도 길고 짧더라. 하지만 그 열 손가락 깨물어 안 아픈 손가락은 없다.

손발톱은 당신의 건강 거울! 손발톱이 부드럽고 촉촉하며 분홍색인 데다가 반들반들 매끈한 광택이 나면 건강하다는 증거다. 그런데 그 분홍색은 어떻게 생기는 것일까? 손톱 밑에 가득 퍼져 있는 혈관과 거기에 흐르는 붉은 피가 위로 비쳐 보이니 손발톱에 분홍빛이 도는 것이다. 그러나 어지간히 피가 적다거나 몸에 병이 있으면 손발톱이 백색이거나 청백색 등 여러 이상 증세를 보이게 된다. 이제 일부러 손톱 하나를 지그시 눌러 보자. 곧 하얗게 변할 것이다. 손톱 밑에 퍼져 있는 모세 혈관에 피가 흐르지 못하기 때문이다. 눌렀던 손톱을 얼른 떼어 보면 금세 다시 분홍색으로 바뀐다. 그런데 이 곱고 고운 손발톱에 지저분한 곰팡이가 피게 되면 이것이 손발톱 진균증이며, 그 외에도 손발톱 탈락, 손발톱 갈림, 숟가락 손발톱, 백색 손발톱, 흑색 손발톱, 녹색 손발톱 증후군 등 손발톱에 생기는 병이 많기도 하다. 아무튼 요즘 젊은 여성들이 멋 내느라 손발톱에 매니큐어를 칠하고 온갖 장식물 붙이는 걸 네일 아트Nail art라 한다지? 예쁜 것도 좋지만 건강에 해되지 않게 적당해야 할 것이다.

그건 그렇고 요즘 세상이 말세라 손발톱이 젖혀지도록 뼈 빠지게 벌어서 먹여 키운 자식 놈들이 늙은 어미, 아비를 '손톱의 때'만도 못하게 여기는 수가 허다하다니 통탄을 금할 수가 없다. 그런데 "손톱이 길면 몸이 게으르고, 머리가 길면 마음이 게으르다."는 말이 있다. 일을 하지 않고 놀다 보면 손톱이 빨리 길지만 손일을 많이 하는 사람은 쉬이 닳아져 몽당 손톱이 되어 깎을 손톱조차도 없게 된다는 뜻이다. 그런데 손발톱은 왜 있는 것일까?

딱딱한 사각형의 손톱 판 끝이 떠받치고 버텨 주어 물건을 잡거나 쥐는 데 도움을 주니 정녕 손톱은 멋대가리로 있는 하찮은 존재가 아니다. '손톱'이란 '손끝에 붙어 있는 톱'이란 뜻이리라. 손톱이 있기에 우리는 누르고 자르고 찢고 뽑고 걷어 모으고 껍질을 까고 긁고 꼬집고 비틀 수 있다. 뿐만 아니라 힘 약한 사람들의 맨손 싸움에서는 상대의 얼굴이나 몸을 찍어서 손톱자국을 내는 데에 둘도 없이 중요한 공격 무기가 되기도 한다.

머리카락이 그렇듯이 케라틴keratin 단백질이 굳어진 반투명한 손톱에는 신경이 없으며, 잘 썩지 않고 불에 태우면 심한 노린내가 난다. 조근爪根 또는 조모爪母라고 부르는 손톱의 아래쪽 뿌리는 흰색이다. 초승달 모양으로 보이는 하얀 부분 말이다. 그것을 속손톱, 손톱 반달, 조반월爪半月이라고도 부르며 영어로는 반달이라는 뜻의 lunula라 부른다. 겉으로는 반달은커녕 초승달로 보이지만 그것을 덮고 있는 위쪽의 생살을 파 벗겨 보면 그 안이 반달꼴을 하고 있다고 한다. 아, 상상만 해도 아프다! 그런데 속손톱 자리는 왜 뽀얗게 보이는 것일까? 다 자란 손톱은 남자는 0.6밀리미터, 여자는 0.5밀리미터의 두께여서 밑바닥에 흐르는 피가 비쳐 분홍색인 것인데, 속손톱은 다 자란 손톱에 비해 두께가 무려 3배나 두꺼워 피가 비쳐 보이지 않아 희고 뽀얗게 보이는 것이란다. 그랬구나. 앎의 기쁨이라니!

손발톱은 척추동물 중 특히 포유류, 조류, 파충류의 앞발과 뒷발에 발달한다. 포유류에서는 그 형태에 따라 납작발톱인 편조扁爪, 갈고리발톱인 구조鉤爪, 발굽인 제蹄의 3종류로 나뉜다. 영장류에서 볼 수 있는 것이 사각형에 가까운 납작발톱이고, 많은 포유류와 조류, 파충류는 갈고리발톱이며, 갈고리발톱의 앞 끝은 뾰족하여 고양이속의 동물들처럼 움츠려 발톱을 숨길 수 있다.

손발톱 생장의 빠르기는 나이, 성별, 계절, 운동, 영양, 유전적 요인들이 결정하는데, 간단히 말하면 젊은 남자가 여름에 운동을 하고 영양 상태가 좋으면 손발톱이 빠르게 자란다. 일반적으로 손톱 하나가 완전히 돋아나는 데에는 평균 3~6개월, 발톱은 12~18개월이 걸린다고 한다. 또한 가운뎃손가락이 제일 길어서 다른 물체와 닿는 횟수가 많기 때문에 다른 손톱보다 좀 더 빨리 자란다. 일장춘몽一場春夢이라, 잠시 왔다 훌쩍 떠나는 인생이다. 하물며 사후에도 손발톱이나 머리카락이 자라고 길어진다고 여기지만, 낙명落命 뒤에는 그것들에서 두루 물이 빠지면서 굳어져 길이가 길어진 것처럼 보일 따름이다.

그런데 아무리 생각해도 손톱깎이는 위대한 발명품이다! "밤에 손톱을 깎으면 엄마가 죽는다."는 말도 안 되는 소리로 밤에 손톱 깎는 것을 나무랐던 그때 그 시절에 손톱깎이가 어디 있었겠나. 지지리 못살 때라 어둑한 등잔 밑에서 고작 한물간 가위로 손발톱을 자르다 보면 자칫 살까지 자르기 십상이었다. 그러면 한동안 모질게 아려 혼났더랬지. 아무튼 우리말로 큰따옴표를 '게발톱표', 소괄호를 '손톱괄호' '손톱묶음'이라 한다니 참 예쁜 비유라 하겠다!

　"손톱 밑에 가시 드는 줄은 알아도 염통 밑에 쉬 스는 줄은 모른다."고 하던가. 또 사람 됨됨이가 몹시 야무지고 인색할 적에 기실 "손톱도 안 들어간다."고 하지. 그런데 손톱이 자라는 속도는 하루에 약 0.1밀리미터이고, 발톱보다 빠르다. 그래서 "손톱은 슬플 때마다 돋고, 발톱은 기쁠 때마다 돋는다."고 하니 이는 손톱의 생장 속도가 발톱보다 훨씬 빠른 것을 비유한 말이다. 어찌 세상살이에서 기쁨이 슬픔을 이길 수 있겠는가. 아무렴, 그렇고 말고. 거푸 말하지만 그나마 슬퍼야 비로소 영혼이 맑고 올곧게 정화되는 법. 호되게 아파 봐야 튼튼한 고통 항체抗體가 제대로 생긴다.

메기가 눈은 작아도
저 먹을 것은 알아본다

"메기 잡다."란 어떤 일에 허탕을 쳤거나, 물에 빠지고 비를 맞아 온몸이 흠뻑 젖었을 때를 이르는 말이다. 실제로 필자도 지리산 아랫자락, 낙동강 최상류에 해당하는 덕천강德川江을 끼고 살아 메기를 늘상 많이 잡았다. 팔뚝만 한 놈을 잡은 날에는 요놈을 어머니 고아 드려야겠다는 생각이 제일 먼저 떠올랐지. 푹 우려내 살이 흐물흐물해지면 뼈를 추려 내고, 뽀얀 국물이 될 때까지 오래도록 끓여야 했다. 오늘따라 메기 고은 국물을 후루룩후루룩 마시던 퀭한 눈매의 어머니 얼굴이 눈앞에 어른거리는구나. 하여간 이렇게 메기 이야기에서 어머니를 만나 좋다! 제발 어버이 살아 계실 때 섬기기 다하여라. 신神이 모든 곳에 있을 수 없어 어머니를 보냈다고 하지 않는가. 부모야말로 무엇에도 빗댈 수 없는 최고의 신이다!

메기[Silurus asotus]는 메깃과의 민물고기로, 점어鮎魚 또는 '으뜸 고기'란 뜻의 종어鯮魚로도 불렸다. 몸길이는 보통 30∼50센티미터로 반드레한 때깔을 한 몸통의 앞부분은 원통형이지만, 뒤로 갈수록 옆으로 납작해지고 가늘어진다. 전체적인 비율로 봤을 때 이상하리만큼 아주 큰 머리는 위아래로 몹시 납작하고, 뒷지느러미가 아주 길게 아래에 뻗어 있다. 몸통은 암갈색이지만 머리 밑면과 배는 흰색이다. 입가에는 2쌍의 수염이 있고, 몸에는 살갗을 보호하는 비늘이 없는 대신 진한 점액이 분비된다. 그래서 속담에서도 메기가 비늘이 없는 것을 빗대어 "메기 나래에 무슨 비늘이 있겠나."라고 하니 원래부터 없던 것이 돌연 생겨날 수는 없는 법.

가슴지느러미나 등지느러미에는 센 가시가 있고, 그 끝에 톱날 모양의 거치鋸齒와 독선毒腺이 있어서 찔리면 무척 쑤시고 아프다. 순하디 순해 보이는 메기도 지느러미에 독가시를 숨기고 있더라! 산골 사람들의 성미가 도시 사람들보다 사납지 않으나 한번 화가 나면 물불을 가리지 않는다는 뜻으로 "산골 메기가 쏜다."라는 말이 있는데 이 말도 메기의 지느러미에 독가시가 있는 것을 두고 하는 말이렷다! 그런데 메기는 몸집에 비해 눈이 아주 작은 축에 든다. 하여 아무리 식견이 좁은 사람도 제 살길은 다

마련하고 있음을 이르는 말로 "메기가 눈은 작아도 저 먹을 것은 알아본다."고 한다. 가뭄이 들어 흐르는 물이 너무 적을 때 "메기 침 흘리듯 한다."고 하고, "메기 침만큼"이란 말도 아주 적은 분량을 의미하며, 아주 작은 강을 놓고 "메기가 침만 뱉어도 물 넘치겠다."라고도 한다. 허풍이 너무 세다고? 이런 게 바로 해학諧謔이지!

메기는 가로로 째진 큰 입을 가져 '대구어大口魚'라는 별명이 있다. 그래서 입이 아주 큰 사람에게 "메기 주둥이 같다."고 하고, 욕심대로 모두 이루어지지는 않는다는 뜻으로 "메기 아가리 큰 대로 다 못 먹는다."라고 한다. 메기의 입가에는 촉각 세포가 분포된 하얗고 긴 수염이 달려 있어 쉼 없이 그것을 흔들어 먹잇감이나 방해물을 알아낸다. 다시 말해서 메기의 수염은 멋 부리기 위해 있는 것이 아니라는 것. 커다란 머리에 큰 입에다 하얗고 긴 수염이 붙어 있어서 천생 고양이를 닮았으니 서양 사람들은 메기를 catfish라 부른단다. 비늘이 없는 물고기를 먹지 않는 그들이지만 그래도 메기는 비린 맛이 없어서 즐겨 먹는다고 한다.

메기는 물의 흐름이 느린 강은 물론이고 저수지나 늪지대에도 잘 사는, 오염을 꽤나 잘 견뎌 내는 종이다. 야행성이라 낮에는 바위 밑이나 돌 틈에 숨어 꼼짝 않다가 밤이 되면 어슬렁어슬렁 기어 나와 저보다 작은 물고기나 새우, 다슬기 등을 잡아먹는다.

단단한 껍데기를 가진 다슬기도 가리지 않는 먹새 좋은 놈! 그런데 주행성 물고기와 야행성 물고기는 어떻게 나눈담? 간단히 말하면 붕어나 잉어, 피라미처럼 몸이 납작하고 비늘이 은빛을 내는 놈들은 모두 주행성이고, 뱀장어나 메기 등과 같이 몸통이 둥그스름하고 몸색깔이 어둡고 흐린 것들은 모두 야행성이다. 참고로 야행성은 어느 것이나 육식성이다.

메기는 겨울에는 바위나 큰 돌 밑에서 죽은 듯 머문다. 그러다가 5~7월경이 되면 조무래기나 큰 놈이나 할 것 없이 웅덩이나 얕은 곳에 떼 지어 몰려와 짝짓기를 한다. 마음에 드는 짝이 정해졌다 싶으면 수놈은 야멸치게 달려들어 암놈의 가슴팍을 온몸으로 돌돌 감고 말아 죽일 듯이 죄어 암놈의 산란을 자극, 유도한다. 암놈은 짙은 초록색의 알을 물풀이나 자갈에 붙이는데 알은 8~10일 후에 부화하며, 3~5개월이 지나면 다 자란 메기와 같은 형태를 띤다. 역시 종족 보존에 물불을 가리지 않는 것은 고등과 하등을, 또 잘난 놈과 못난 놈을 가릴 수가 없다. 우리나라, 일본, 동남아에 분포한다.

한편 이름도 메기와 비슷한 미유기[*Silurus microdorsalis*]는 같은 속으로 메기를 너무나 쏙 빼닮아 모르는 사람은 어린 새끼 메기로 보기 십상이다. 미유기는 이 세상에서 오로지 우리나라에만 나는 희귀한 고유종이다. 메기보다 덩치는 훨씬 가늘고 긴 편이며, 서식처도 달라서 강의 상류나 작은 내에 살고, 메기 몸색깔이 거무스름한 반면 미유기는 밝은 회색을 띤다. 그만그만한 메기와 미유기! 분류 학자들은 작명에 도사들일 뿐 아니라 눈썰미도 대단하다. 보통 사람들이 보면 그게 그것이고 긴가민가하여 도통 구별조차 못하는 것들을 그들은 턱주가리, 눈퉁이 하나만 달라도 딴 종으로 분류하여 멋들어진 이름을 붙인다. 아무튼 곰살궂고 천연 덕스럽게 눈 작은 미유기도 저 먹을 것은 잘도 챙긴다.

그런데 아쉽게도 매운탕으로 먹는 메기는 토종일 확률이 아주 낮다. 십중팔구 미국 유입종인 찬넬메기인데, 메기와는 분류상으로 속이 다른 찬넬동자개이다. 양식이 쉬워서 세계적으로 인기가 매우 높은 녀석이다. 그러나 아무리 그래도 한국에 귀화하면 한국인이 되는 법. 해서 찬넬메기도 이젠 우리 물고기다. 사실 한국에 서식하는 동물과 자생하는 식물 중에 소위 말하는 고유종인 본토박이 생물은 20퍼센트도 되지 않으며, 죄다 귀화한 것들이다. 우리 한민족도 중앙아시아에서 온 북방계와 남방계가 애오라지 주류를 이뤘으나, 이제는 세계의 여러 피가 섞여 단일민족이라는 말이 무색해지지 않았는가. 다문화 가정이 없다면 우리나라 인구가 벌써 줄기 시작했을 거라지. 모두 보듬고 살아가야 할 사람들이다. 차별도 구별도 맹세코 안 된다.

오동나무 보고
춤춘다

옛날에는 딸을 낳으면 딸 몫으로 밭두렁에 오동나무를 심고, 아들을 낳으면 아들 몫으로 선산先山에 소나무를 심었으니, 이것이 우리 선조들의 '내 나무' 갖기 풍습이다. 딸이 성장하여 시집갈 나이가 되고, 혼례 치를 날을 받으면 십수 년간 자란 오동나무를 잘라 농짝이나 반닫이를 만들어 주었고, 소나무는 주인이 죽을 때까지 계속 자라게 두었다가 본인의 관을 짜는 데 사용하였다. 한편 '오동일엽락 천하진지추梧桐一葉落 天下盡知秋'라, 오동잎 한 잎 지면 세상 천하 사람들이 모두 가을이 왔음을 안다 했고, 이를 줄여 '일엽지추一葉知秋'라고 했으니 가을을 가장 먼저 알리는 것이 바로 오동나무다.

오동나무과의 참오동나무[*Paulownia tomentosa*]는 10~25미터 높이의 활엽 교목으로, 라오스나 베트남이 원산지이다. 마주나는 잎은 널따란 하트 모양이고 가장자리가 밋밋하며 양면에 여러 갈래로 갈라진 별 모양의 털인 성모星毛가 빽빽이 나 있다. 잎보다 조금 먼저 피어나는 대롱 모양의 기다란 연보라색 꽃이 5월경에 나무 가득 피어 있는 모습은 장관이다! 10월경이면 열매는 달걀을 닮아 통통하고 동그란 것이 여러 덩어리를 지으며, 몽글몽글했던 풋것이 어느새 바싹 마르면서 딸랑딸랑 딱따그린다. 열매속이 여러 칸으로 나뉘고 그 안에 수천 개의 작은 씨앗이 들었는데, 익으면 껍질이 벌어져서 씨가 튀어나오는 열매인 삭과蒴果이기 때문에 씨앗이 바람을 타고 멀리멀리 퍼진다. 시집, 장가가는 출가出家와 다를 바 없는 것!

씨앗 하나가 우주를 품고 있다 했다. "사과 속의 씨는 셀 수 있지만 씨 속의 사과나무는 셀 수 없다."고 작디작은 하나의 씨앗 속에 감춰진 오동나무를 상상해 본다. 큰 나무일까, 작은 나무일까? 그렇다. 그 씨알 속에 무한한 가능성이 들었으니 싹 틔워물 주고 거름 주어 잘 가꾸어 주자꾸나. 속담에 "오동나무만 보아도 춤을 춘다."거나 "오동 씨만 보아도 춤춘다."고 하는데, 이는 오동나무나 씨만 보고도 나중에 그 나무로 가야금 만들 것을 생각하여 미리 춤춘다는 뜻으로, 나중에 할 일을 성급하게 서두름을 비유적으로 이르는 말이다.

가야금은 우리나라 고유 현악기의 하나로 오동나무 공명판共鳴板에 명주실을 꼬아 만든 12줄을 세로로 매어, 각 줄마다 기러기발 안족雁足을 받쳐 놓고 손가락으로 뜯어서 소리를 낸다. 가야국의 가실왕이 만들었다고 하여 '가야고'라고도 하는데, 청아하고 부드러운 음색으로 오늘날 가장 대중적인 국악기의 하나이다. 가야금 하면 우륵于勒이요, 우륵 하면 가야금이다! 우륵은 가야伽倻의 악성樂聖으로, 가야국이 망하자 신라로 투항하였고, 신라 진흥왕의 신임을 얻어 신라 음악의 발전을 이뤄 낸 인물이다. 충주에 있는 탄금대彈琴臺는 우륵이 '가야금을 타던 곳'이라는 뜻으로 붙여진 이름이다.

참오동나무는 일반적으로 산야에서 야생하지 않고 빈터나 정원에 심었다. 잎이나 꽃잎, 꽃받침에 솜털이 촘촘히 나고, 거기에는 샘털이 빽빽이 나 있어 늘 끈적거리는 점액이 칙칙이 묻어나 마음 내키지 않고 꺼림칙하여 대부분 참오동나무 만지기를 꺼린다. 그리고 참오동나무의 사촌인 오동나무[Paulownia coreana]는 우리나라의 특산종으로 잎 뒷면에 다갈색 털이 없고, 꽃잎 안쪽에 자줏빛 도는 줄이 없어서 참오동나무와 구별된다. 그러나 참오동나무와 오동나무는 별로 큰 차이가 없어서 보통 사람들이 보면 그게 그거다. 학자에 따라 다르게 분류한 탓에 세계적으로 오동나무속은 6~17종으로 구성되었다. 중국은 물론이고 우리나라와 일본에서 많이 재배하였으니, 목재는 고전 악기인 우리나라 가야금, 중국 고쟁古箏, 일본 고토koto 등을 만드는 재료로 쓰고, 요새 와서는 기타의 몸체나 스키를 만드는 데 쓴다고 한다. 일본 사람들이 오동나무를 무척 좋아해서 오동나무 꽃이 일본 수상 관저의 상징이라 한다.

오동나무는 나뭇결이 아름답고 재질이 부드러우며, 습기와 불에 잘 견디고 가벼우면서도 마찰에 강하여 배배 뒤틀리거나 휘지 않아 책상, 장롱이나 반닫이 등을 만들기에 알맞다. 또한 울림이 좋아 앞서 이야기한 것처럼 악기로 만들었으며, 목재를 태워 물감으로 쓰고 화약도 만들었다. 잎은 살충제로 썼는데 재래식 변소에 뜯어 넣어 냄새나 파리 구더기를 없앴다고 한다. 뿌리나눔, 꺾꽂이 또는 종자로 번식시키기도 하는데, 어릴 때는 성장이 빨라 1년에 무려 6미터나 거침없이 세차게 죽죽 자란다고 한다. 나무를 자르고 나면 그루터기에서도 새순이 나니 불사조 나무phoenix tree라 부른다고 하고, 이렇듯 생존력이 강하기에 호주나 미국 등에서 조림造林 사업에 많이 쓴다고 한다.

앞에서 참오동나무와 오동나무는 겉모습이 얼추 비슷하다 했다. 그럼 벽오동과는 어떤 관계일까? 벽오동[Firmiana simplex]은 한마디로 '푸른 오동'이란 뜻이다. 벽오동은 중국 원산으로 우리나라에서도 따스한 남부 지방에 주로 심고, 어린 나무껍질이 청록색인 것이 이 나무의 가장 큰 특징이다. 그런데 알고 보면 오동나무와 벽오동은 영판 다른 나무다. 오동나무는 현삼과玄蔘科 식물인데 벽오동은 벽오동과 식물로, 속 정도가 아니라 그보다 한 단계 더 먼 과까지도 다르다는 말이다. 벽오동 잎은 넓은 달걀꼴로 끝이 3~5개로 갈라지며 꽃은 단성화다. 반면에 오동나무는 잎이 갈라지지 않고 꽃은 양성화이다. 겉으로 오동나무와 벽오동이 닮아 비슷한 이름이 붙었지만 생물학적으로는 이래저래 사뭇 다른 나무라는 것!

예부터 "봉황은 대나무 열매만 먹고 벽오동에만 집을 짓는다."고 했다. 봉황새는 성질머리가 지랄같이 까다로워 벽오동이 아니면 깃들지 않고, 입이 하도 고급이라 대나무 열매가 아니면 먹지를 않는단다. '양금택목良禽擇木'이라 했겠다. 새도 좋은 나무를 가려서 깃든다고 하니 사람도 친구를 사귀되 훌륭한 사람을 택할지어다! 벽오동 같은 친구 하나 있었으면 좋겠다!

여우가 호랑이의 위세를 빌려 거들먹거린다, 호가호위

사람들은 앙큼하고 변덕스러운 여자를 여우에 곧잘 비유한다. 여우의 성격을 그렇게 보는 것이다. 그래서 변덕스러운 날씨를 뜻하는 말에도 여우가 들어가는데, '여우볕'은 비 사이에 잠깐 비치는 볕을, '여우비'는 볕이 있는 날 잠깐 오다가 그치는 비를 뜻한다. 그리고 "여우볕에 콩 볶아 먹는다."라는 말은 번갯불에 콩 구워 먹듯 행동이 매우 민첩하다는 뜻으로 쓴다. "봄 불은 여우불"이라는 말도 있는데, 여우가 둔갑하여 사방팔방에 나타나듯 봄에 여기저기서 불이 나는 것을 말한다.

여우 이야기를 하다 보니 까마득하고 아련한 먼 옛날 일이 떠오른다. 새벽의 찬 이슬이 발등을 적셨던 늦가을 아침은 너무나 시리고 추웠다. 꼴을 먹이려고 몰고 온 소들을 산등성이에 풀어 놓고 불을 지펴 추위를 면했더랬다. 집에서 가져온 불쏘시개 위에 갓 검어 온 이슬 먹은 검불과 삭정이, 마른 나뭇가지를 올려놓고 부랴부랴 불을 붙였다. 불땀이 훨훨 커지면 둘러앉은 얼굴들이 벌겋게 달아올랐다. 이제 살았다. 거지가 모닥불에 살찐다고 하지. 다시 땔거리를 찾으러 이슬 매단 잡풀을 가르며 산지사방으로 거미 새끼 풍기듯이 흩어졌다.

그런데 세상에 이런 어처구니없는 일이 어디 또 있담? 산모롱이에 선 나는 화들짝 놀랐다. 허둥지둥, 어리둥절하면서도 길길이 날뛰며, 친구 바우를 막 불러 제쳤다. "바우야, 바우야, 어서 이리 오이라, 느그 할매 산소에 구멍 났다, 어푼 오이라, 여우가 구멍을 냈다카이!" 산이 떠나라 고래고래 목청껏 고함을 지르면서도 무섭고 두려워 다리가 후들거렸다. 바로 어제 바우 할머니의 장사를 치르지 않았는가. 그런데 잠들어 있는 바우 할머니의 관 한구석이 또렷하게 보였다. 이런 발칙한 놈! 모질게 기를 써 길쭉한 주둥이로 동그랗고 기다랗게 굴을 파 났던 것이다. 어쩜 저렇게 야무지게도 팠단 말인가. 예민한 후각을 가진 꾀보 여우 놈이다. 한달음에 달려온 바우는 질금질금 짜면서 여기저기서 돌을 주워와 부랴부랴 굴을 메웠다. 물론 나도 땜질을 거들었다. 두 살 위인 그 친구는 이제 고우故友가 되었고, 그 무덤도 평토平土가 되어 흔적만 남았다. 옛날에 어린애들이 죽으면 큰 돌이 많은 너덜겅에 애장-葬을 하는 까닭도 알 만하다. 여우 놈들이 돌은 떠들치지 못하니까.

여우[Vulpes vulpes]는 식육목 갯과에 든다. 몸길이가 60～90센티미터, 어깨높이는 약 35센티미터, 꼬리 길이가 30～60센티미터, 몸무게 5～10킬로그램 정도의 호리호리한 몸에 후각과 청각이 썩 발달한 소형 짐승이다. 주둥이가 가늘고 길며 다리가 짧다. 삼각형에 가까운 귀가 아주 크고 꼬리도 꽤나 길며, 털색은 보통 몸 윗면이 황색인 데 반해 이마와 등의 털끝은 희끗희끗하다. 눈동자는 고양이처럼 세로로 길게 째졌고, 아시아부터 유럽, 북아프리카, 북아메리카까지 분포하고 있다.

우리나라 여우는 높은 산에서 단독 생활을 하며, 주로 저녁이나 새벽녘에 활동을 한다. 잡식성이어서 들쥐, 토끼, 꿩, 개구리, 메뚜기, 과일 등을 먹는다. 심지어 죽은 동물의 고기도 즐겨 먹기에 밤새 살살 기어 나와 바우 할매의 무덤을 뒤졌던 것이다. 1～2월에 짝짓기를 하고 수태한 지 50여 일 만에 2～5마리의 새끼를 낳는다. 오소리가 그렇듯이 여우도 서열이 가장 높은 대장 암놈만이 새끼를 밸 수 있다.

6·25 전쟁의 난리통에다 여우털을 목도리로 쓰기 위해 남획한 탓에 먹이 사슬의 꼭짓점, 즉 최상의 포식자를 차지했던 호랑

이, 늑대와 더불어 우리나라에서는 이미 멸종되고 말았다. 그래서 그 뒤부터 여우를 인공적으로 번식시켜 '한국 토종 여우 복원'이라는 기대 속에 2012년 늦가을 소백산에 여우 한 쌍을 방사했다. 그러나 안타깝게도 암놈이 폐사한 채 발견됐다고 한다. 다행히 수놈 여우는 문제없이 지내고 있다니 끝까지 버티길 바란다.

호랑이 없는 산엔 여우가 왕이다. '호가호위狐假虎威'란 호랑이 없는 산에서 여우가 호랑이의 위세를 빌려 거들먹거린다는 뜻으

로, 남의 권세를 빌려 제멋대로 위세威勢를 부리며 함부로 날뜀을 뜻한다. 발호跋扈한다는 말이지. 다른 동물들이 여우 뒤의 호랑이가 무서워 도망가는 것인데, 여우가 무서워 도망가는 줄 안다는 뜻이다. 그리고 전래 동화에서 여우가 천 년을 묵으면 꼬리가 9개 달린 구미호九尾狐로 둔갑한다고 했다. 앞에서도 잠깐 언급했듯이 흔히 음흉하면서도 어수룩한 남정네를 늑대에 비유한다면, 음험陰險하고 사특邪慝하며 꾀 많은 여자는 여우에 비유한다. 그래서 여자가 눈꼴사나울 정도로 살랑살랑 약삭빠르게 내숭을 떨 때 '불여시 짓'을 한다고 하지.

여우는 바위틈이나 토굴土窟에서 사는데, 스스로 굴을 파기도 하지만 오소리의 굴을 빼앗기도 한다. 오소리가 없는 틈에 굴에 들어가 온 사방에 똥오줌을 갈겨 놓아 결국 오소리가 포기하고 도망가게 만드는 것이다. 교활한 여우만이 사용하는 지략이요, 술법이다. 그리고 생물·생태학 교과서에 약방의 감초로 등장하는 내용인데, 포식자인 여우의 수가 늘면 피식자인 노끼 수가 줄고, 토끼가 줄어듦에 따라 여우도 따라서 줄어들다가 여우가 줄어드니까 다시 토끼가 늘어나는 관계를 해마다 반복하는 것을 '로트카-볼테라 공식Lotka-Volterra equation'이라고 한다.

"여우를 피해서 호랑이를 만났다."라는 속담은 갈수록 더 힘든 일을 당함을 이르는 말이요, "여우가 범에게 가죽을 빌리러

간다."는 말은 가당치도 않은 짓을 무모하게 한다는 뜻이며, "여우굴도 문은 둘이다."라는 말은 동물도 제 안전에 대해서는 대비책이 있다는 의미이다. 어쩔 줄을 모르고 갈팡질팡하며 헤맬 때 "여우가 두레박 쓰고 삼밭에 든 것 같다."라고도 한다.

어쨌거나 우리 동네 뒷산, 바우 할매 무덤 터에 여우가 우글거렸으면 좋겠다. 닭 몇 마리 잡아먹히는 한이 있더라도 말이다.

물고에
송사리 끓듯

송사리[*Oryzias latipes*]는 동갈치목 송사릿과에 속하는 매우 작은 소형 어류이다. 그래서 덩치가 몹시 작고 별 볼 일 없는 하찮은 소인배나 권력이 없는 약자를 통칭하지 않는가. 속명 *Oryzias*는 라틴어 oryza에서 왔으며 쌀이라는 뜻으로, 송사리가 주로 논에서 살기에 붙은 이름이다. 영어권에서 송사리를 ricefish라 부르는 까닭도 거기에 있다. 표층에서 무리를 지어 살고, 플랑크톤을 주식으로 하지만 잡식성으로 온도, 염도, 수질, 산소 함량 등 환경 변화에 내성耐性이 강하다. 몸은 길쭉하며 옆으로 납작하고, 입은 작고 눈은 둥글고 큰 편이며, 등지느러미가 꼬리 쪽으로 아주 치우쳐 붙어 있다. 몸색깔은 잿빛을 띤 엷은 갈색으로 옆구리에 작고 검은 점이 많고, 옆줄이 없다. 등지느러미는 하나로 요즘 관상용으로 많이 키우는 열대어 거피guppy를 닮았다. 흐름이 느린 연못이나 논두렁, 온천과 염전에도 사는데, 동남아가 원산지로 우리나라, 일본, 타이완, 중국, 베트남 등지에 분포한다.

산란기는 5~8월로 짝짓기를 하느라 밤을 새우고는 이른 새벽 4~5시경에 산란한다. 새벽녘에는 육식 야행성 물고기들도 잠드는 시간이라 그 시간을 택한 것일까? 수정된 알은 암놈이 꼬리지느러미에 달고 7~8시간을 마냥 맴돌다가 수초에 붙여 놓는다. 그렇게 긴 시간 동안 알을 지느러미에 달고 다니는 것은 어미가 알이 수정란이 되도록 돕는 것이고, 천적에게 먹히는 것까지 막을 수 있으니 일거양득이다. 한 번에 낳는 알이 겨우 10~20개 정도이지만 이곳저곳에 번갈아 낳아 붙이기 때문에 모두 모으면 400~800개나 된다. 수정란은 빠르면 3일이면 부화하여 어엿이 어미를 빼닮은 애송이 새끼가 된다. 등지느러미가 넓으면서 평행사변형 꼴을 하는 것이 허우대 좋은 수놈이고, 조금 작고 폭이 좁으며 끝으로 가면서 가늘어지는 것이 암놈이다. 또한 등지느러미 끝이 톱니 모양을 하면 수놈이고 평평하고 비스듬하면 암놈이다. 우리는 암수 구별이 쉽지 않으나 송사리들끼리는 힐끗 보고도 서로를 단박에 알아보고 짝을 찾는단다.

송사리는 민물과 기수汽水를 오르내리는 수도 있으니, 보통 민물고기에 비해 높은 염도鹽度에도 사는 명 질긴 녀석이다. 또 생활사가 짧고 새끼를 많이 치며 실험실에서도 키우기 쉬워서 유전과 발생 연구 실험의 재료뿐만이 아니라 수질 오염 측정에도 쓰인다. 송사리에 대한 거의 모든 것, 즉 유전자까지 거의 다 밝혀진 상태이며, 우주에 처음으로 올라간 척추동물로 우주 왕복선에서 알 낳고 새끼까지 잘 자란 기록을 가지고 있는 것이 바로 송사리다. 그런데 그 셀 수 없이 흔하던 송사리가 자연 상태에서는 홀연히 지리멸렬支離滅裂, 터무니없이 줄어 무척 귀해졌다. 수없이 많이 오글오글 모여 있는 모양을 "송사리 끓듯"이라 하지. "물고에 송사리 모이듯 한다."고 예전에는 굵고 큰 송사리인 추라치들이 봇도랑이나 물길에도 마구 떼를 지어 다녔는데, 이제는 그놈들 만나기가 하늘의 별 따기만큼이나 어려워지고 있다니 세상이 망조가 드는 것은 아닌지 모르겠다. 대저 물이란 물은 성한 곳이 없으니 말 그대로 "큰 고기 놓치고 송사리만 잡는" 꼴이다.

수조에 키워 보면 낮에는 이놈들이 물 표면에 올라와 날래게 행동하지만 밤만 되면 슬슬 내려가 수초에 숨어 밤을 샌다. 그러면서도 언제나 서로 겁박하고 득달같이 달려들어 텃세를 부린다. 그중에 덩치가 큰 놈이 더 넓은 영역을 차지하는 것은 당연하고, 작은 놈들은 주눅이 들어 큰 놈이 그어 놓은 선에 얼씬거리지도 못하고 에둘러 휙 지나치거나 언저리에서 기웃거릴 뿐이다. 하여 서로 다툼이 일어나지 않고 위계질서를 지킨다. 그리하여 자기들끼리 쓸데없는 싸움으로 에너지를 소비하는 것을 막는 지혜를 발휘한다. 만약 그렇지 않았다면 송사리는 저희들끼리 서로 물고 뜯고 부대끼느라 그만 힘이 빠져 버려 다른 물고기들에게 다 잡아먹히고 마는 불운한 신세가 되었을 것이다.

"물이 넓으면 송사리도 놀고 청룡도 논다."고 하던가. 우리나라엔 송사리와 대륙송사리[Oryzias sinensis]가 살고 있으니 이들은 우리 땅 변천사의 증인이라고 할 수 있다. 옛날엔 동일종이었으나 억겁의 시간 동안 따로 떨어져 살면서 다른 종으로 종 분화가 일어났기 때문이다. 하여 중국과 서해안으로 흐르는 강에는 대륙송사리가, 일본과 우리나라의 동·남해안에는 그냥 송사리가 살고 있다. 믿거나 말거나. 아니다. 꼭 믿자. 야속하지만 생겼다가 사라지는 생멸生滅이 어디 땅덩어리라고 다르겠는가. 한반도는 약 1억 년 전에 느닷없이 바다 밑에서 땅덩어리가 솟아오르는 융기隆起가 있었고, 그 뒤 여러 차례에 걸친 지질의 변화로 지금의 모습을 갖추게 되었다고 한다. 또 한때는 일본이 우리나라와 붙어 있었는데 뜻하지 않게 떨어져 나갔기에 일본에도 우리나라 동·남해안의 강에 사는 송사리가 살고 있다는 것이다. 어찌 되었든 송사리는 그 역사를 죄다 알고 있으련만 쉽사리 우리에게 그 비밀을 알려 주지 않는다.

송사리 한 마리 잡아 놓고 동네잔치를 하는, 그런 쩨쩨한 삶은 살지 말자. 사랑하는 후생後生들이여, 송사리처럼 일본과 서로 가깝게 지낼지어다. 서로 못 잡아먹어 안달하는 견원지간犬猿之間으로 남지 말고. 대륙성 기질을 가진 우리가 좀스러운 섬사람들을 더 넓고 큰 배포로 보듬어 주자꾸나. 미움은 미움으로 없어지지 않는다. 국량局量을 키우자. 용서만이 미움을 이기는 지름길인 것. 언제까지 척지고 등지고 살려는가. 여생이 서산마루에 걸려 있는 한 사람의 간절한 바람이다. 이웃을 섬기며 돕고 살라는 말이다. 제발 송사리 같은 좀팽이가 되지 말자. 그리고 안으로는 "송사리 한 마리가 온 강물을 흐린다."고 하니 부디 서로 아끼고 배려하며 손해 보고 살지어다. 대한민국 만세!

개구리도
옴쳐야 뛴다

"개구리 낯짝에 물 붓기"란 물에 사는 개구리의 낯에 물을 끼얹어 보았자 개구리가 놀랄 일이 아니라는 뜻으로, 어떤 자극을 주어도 그 자극이 조금도 먹혀들지 않거나 어떤 일을 당해도 태연함을 이르는 말이다. 또 "개구리 움츠리는 뜻은 멀리 뛰자는 뜻이다."는 어떤 큰일을 하기 위한 준비 태세가 언뜻 보기에는 못나고 어리석어 보일 수 있음을 비유적으로 표현한 속담이다. "개구리 돌다리 건너듯"이란 개구리가 껑충껑충 뛰어서 돌다리를 건너가듯 한다는 의미로, 일손이 깐깐하지 못하고 건성건성 하는 모양을 비유적으로 이르는 말이다.

개구리 중에 가장 개구리답게 생긴 참개구리[*Rana nigromaculata*]

를 내세워 개구리 세계의 단면을 살펴보자. 참개구리는 무미목無
尾目 개구릿과의 양서류로, 우리나라 전역의 논밭 주변에서 제일
흔하게 볼 수 있다. 우리는 흔히 논개구리라 하는데, 서양 사람들
은 tree frog라고 부른다. 우리나라에 서식 중인 개구릿과에는
참개구리, 금개구리, 북방산개구리, 계곡산개구리, 아무르산개
구리, 옴개구리, 황소개구리 등이 있다. 몸길이는 6∼9센티미터
로 암놈이 수놈보다 조금 크고, 몸색깔은 녹색이나 갈색으로 사
는 환경에 따라 달라진다. 등에는 보통 3줄의 등선이 있고, 온몸에
검은 점들이 산재해 있다. 수놈 개구리는 턱 아래 좌우에 한 쌍의
울음주머니가 있어서 소리를 내지르지만, 다른 동물들도 그렇듯
얄궂게도 암놈 개구리는 음치다. 짝짓기 철에 생기는 수놈 엄지
손가락의 혼인 육지婚姻肉指는 암놈을 그냥 부둥켜안을 뿐이고, 개
구리는 교미기交尾器가 없어 체외 수정을 한다.

　주로 논두렁이나 밭두렁의 들쥐 굴에서 월동하며, 4∼5월에
못자리나 논, 연못 등지에 직경 20센티미터에 달하는 둥그런 한
천질의 알 덩어리를 물속에 산란하는데, 접착성이 없어서 물속에
그냥 잠겨 있게 된다. 이 알 덩어리 속에는 크기가 1.6∼1.8밀리
미터 정도인 알이 1000여 개 정도 들어 있다. 옛날에 필자가 어
렸을 때는 그것이 못자리의 볏모를 상하게 한다 하여 아궁이 속
의 재를 떠다가 흐물흐물한 개구리 알 덩어리에 한가득 뿌렸던

기억이 난다. 재는 강한 알칼리성이기 때문에 지방을 녹여 알의 발생을 막는 효과가 있다.

개구리의 새끼인 올챙이는 아가미와 꼬리가 있으며 초식성이라 주로 식물성 먹이인 조류漢類를 먹는다. 자라면서 꼬리가 사라지고 육식성으로 바뀌어 거미, 지네 등의 움직이는 곤충들을 잡아먹는다. "올챙이 개구리 된 지 몇 해나 되나."라는 말은 어떤 일에 조금 익숙해진 사람이나 가난하다가 형편이 좀 나아진 사람이 지나치게 젠체함을 비꼬는 말이다. "올챙이 적 생각은 못하고 개구리 된 생각만 한다."는 형편이나 사정이 전에 비해 나아진 사람이 지난날의 미천하던 때를 생각하지 않고 처음부터 잘난 듯이 오만함을 넌지시 비꼬는 것이다. 그러나 개구리가 곧이곧대로 올챙이 적만 생각한다면 또 어쩌겠는가? 죽도 밥도 아닌 얼간이 마마보이가 되기 딱 알맞다.

그런데 개구리는 왜 그렇게 무리가 함께 개굴개굴 우는 것일까? 긴긴 여름 해가 지고 대지가 식어 가는 초저녁 무렵에 시작하여 밤이 이슥하도록 무논의 개구리는 무리 지어 개굴개굴 합창을 한다. 한 놈이 울기 시작하면 따라서 개굴개굴하다가 어느 순간 문득 울기를 딱 그친다. 그러고는 또 얼마 있다가 목이 터져라 고함을 지른다. 매미 녀석들도 다르지 않다. 조금 감이 오는가? 그렇다! 이것은 자기들을 잡아먹으려는 포식자를 혼란시키려는 교묘한 전술이다! 엇비슷한 녀석들이 동시에 개굴개굴 또는 맴맴 거리니 정신 사나워 어느 놈이 어디에 숨었는지 도통 알 수가 없으니 잡을 수도 없다. 이 얼마나 멋있는 작전인가! 더불어 개구리는 수놈만 운다는 것과 개구리를 포함해 도롱뇽 등 모든 양서류는 모두 앞발에는 발가락이 4개, 뒷발에는 발가락이 5개인 것도 알아 두자.

재미있는 호기심인데 개구리나 올챙이도 제 친족親族을 알아볼까? 놀랍게도 한배끼리는 귀신같이 서로를 알아차리니 이를 친족 인지親族認知라고 한다. 이렇게 동물들은 겨레붙이의 친숙도를 높이는 방법으로 페로몬, 소리, 빛을 쓴다. 한 수조에 서로 다른 두 어미에서 태어난 올챙이를 뒤섞어 보면 나중에는 두 패거리로 나뉜다고 한다. 어떻게 편 가르기를 하는 것일까? 다시 말해서 그 어린 것들도 친족을 알아낸다는 것인데, 우선 한배끼리는 태어난 뒤 서로 몸을 비비며 같이 지내므로 저희들끼리 더욱더 가까워지기 때문이다. 그리고 친족끼리의 냄새나 특수한 몸의 무늬, 색깔 등으로도 친족과 비非친족을 구분해 내며, 인지 인자認知因子가 있어서 배우지 않고도 본능적으로 터득한다고 한다. 역시 피는 물보다 진하다! 한낱 개구리도 한배의 형제자매를 제가끔 알고 지낸다니 신기한 일이 아닌가. 엉뚱하게 들릴지 몰라도 동물 행동 학자들은 그들이 서로를 알아봄으로써 근친 교배近親交配를

피하기 위한 것이라고 주장한다.

개구리를 산 채로 천천히 끓이면 죽는다는 '냄비 속 개구리 신드롬Boiling Frog Syndrome'을 들은 적이 있을 것이다. 단, 전제 조건이 있으니, 개구리를 뜨거운 물에 바로 집어넣으면 펄쩍 뛰쳐나오므로 찬물에 담그고 아주 천천히 데우면 뜨거움을 느끼지 못하고 그대로 있다가 마침내 죽게 된다는 이야기이다. 이는 사람들이 아주 천천히 일어나는 변화는 잘 느끼지 못하는 것을 비유하여 흔히 쓰는 말이다. 강도 높은 위험이나 경고는 바로 반응하고 대처하면서 천천히, 차근차근 다가오는 위험은 뜸 들이고 있다가 나중에서야 알아차린다. 하지만 그땐 이미 늦었지! 심리학, 철학, 경영학 등등 각 분야에 따라 냄비 속 개구리, 개구리 효과, 비전 상실 증후군, 개구리 경영론 등으로 부르기도 한다.

그럼 이 '냄비 속 개구리 신드롬'이 과학적으로 맞는 얘기일까? 안타깝게도 19세기에 실시한 실험들이 잘못 전해진 데서 연유한 새빨간 거짓말이다. 필자가 단언컨대 언어도단言語道斷이다. 말이 안 된다. 사람이 보기에 개구리가 아무리 하찮아 보여도 그렇지, 세상에 그렇게 어리석은 미련퉁이 동물은 없다. 착각은 금물! 그리고 사족인 줄 알지만 염상섭의 단편소설「표본실의 청개구리」에서 해부한 개구리 몸에서 김이 무럭무럭 난다는 말은 잘못된 것임을 다들 잘 알고 있을 것이다. 주위 온도에 따라 체온을 바꾸는 변온 동물인 개구리는 체온이 실험실의 온도와 같아져 김이 날 수가 없지 않은가.

"개구리도 움쳐야 뛴다."는 속담은 마음에 깊이 새기자. 뜀뛰기 선수인 개구리도 몸을 한껏 움츠려야 멀리 뛸 수 있다는 말이다. 모름지기 준비를 잘해야 커다란 성과를 얻는 법! 개구리에게 한 수 배운다. 만사 유비무환有備無患이라는 것을. 세상은 넓고 할 일은 너무나 많으니, 단견短見과 왜소矮小의 "우물 안 개구리"가 되지 말고 한껏 호연지기浩然之氣를 키우자.

곤드레만드레의 곤드레는
다름 아닌 고려엉겅퀴

복효근의 시 「엉겅퀴의 노래」에는 엉겅퀴의 특징이 잘 녹아 있다.

들꽃이거든 엉겅퀴이리라

꽃 핀 내 가슴 들여다보라

수없이 밟히고 베인 자리마다

돋은 가시를 보리라

하나의 꽃이 사랑이기까지

하나의 사랑이 꽃이기까지

우리는 얼마나 잃고 또

떠나야 하는지

이렇게 멋진 시를 만들어 내는 엉겅퀴이건만, 이만도 못한 필자가 그를 논하고 있으니 한편 가소롭고 창피하다는 느낌이다. 밉게 보면 잡초 아닌 것이 없고 곱게 보면 꽃 아닌 것이 없으며, 자세히 봐야 예쁘고 오래 봐야 사랑스럽다고 한다. 사랑하면 누구나 어린아이가 되고 말며, 어린이는 늘 고운 눈과 착한 마음을 갖는다. 나, 천둥벌거숭이 어린애가 되리라! 초여름이면 여느 때처럼 으레 엉겅퀴가 옹기종기 덤불을 이뤄 그들만이 우부룩하게 자라 화려하고 싱그러운 진분홍빛의 키다리 꽃무리를 이루고, 그 화려하고 탐스러운 꽃에 호랑나비가 팔랑팔랑 춤추며 총총히 찾아든다.

잎줄기에는 까슬까슬한 흰색 털이 나고, 어긋나게 달리는 잎은 길쭉한 타원형에 잎의 가장자리가 깊이 패어 들어가는 결각缺刻이 나 있고, 딱딱한 가시가 촘촘히 달려 있다. 그래서 엉겅퀴를 보면 '엉킨 갈퀴' 비슷한 이상한 어감이 드는 것이, 대뜸 가시에 찔릴 것만 같아 범접을 꺼리게 된다. 가시나물, 가시털풀이란 이름의 엉겅퀴는 고양이를 닮았다 하여 묘계猫薊, 닭 벼슬 같아 계항초鷄項草, 소 주둥이 털 같다고 우구자牛口刺라고도 한다. 또 자주색의 작은 꽃들이 모여 핀다고 하여 야홍화野紅花라고도 하고, 뿌리가 우엉 뿌리를 닮았다고 산우방山牛蒡이라고도 한다. 우리나라에 자생하는 엉겅퀴에는 고려엉겅퀴 말고도 흰고려엉겅퀴, 큰엉겅퀴,

바늘엉겅퀴 등 8종이 있다.

고려엉겅퀴[Cirsium setidens]는 쌍떡잎식물 국화과의 여러해살이 풀이며, 다 자라면 높이가 약 1미터나 되는 우리나라 특산종으로 전국에 분포하고 있다. 옛날부터 민간에서 불렀던 동식물 따위의 이름인 향명鄕名으로는 구멍이, 고려가시나물, 곤드레나물이라고 한다. 산야에서 자라며 뿌리는 곧고 가지는 사방으로 뻗으며 타원형인 잎의 앞면에는 가시 같은 톱니가 삐죽삐죽 나 있다. 어린 잎줄기는 나물로 먹는데, 이것이 바로 곤드레나물이며, 비슷한 종으로 흰잎고려엉겅퀴가 있다. 국화과 식물답게 7월이면 원줄기와 곁가지 꼭대기에 관상화管狀花인 두화頭花가 한 송이씩 핀다. 화관은 짙은 남빛을 띤 붉은색이고 열매는 긴 타원형이며 11월에 익는다. 꽃자루가 짧아져 한곳으로 모인 총포總苞는 둥근 종鐘 모양으로 길이가 약 2센티미터이고, 여기에 끈끈한 점액이 묻어 있어 많은 곤충들이 모여든다. 가을에 맺는 열매는 마치 민들레 씨앗처럼 부풀어 하얀 솜털인 갓털을 달고 바람에 흩날린다.

술이나 잠에 몹시 취하여 정신을 차리지 못하고 몸을 가누지 못하는 모양을 일러 "곤드레만드레 취했다."고 한다. 한소끔 데치고 난 곤드레 잎사귀가 숨 죽어 푹 우그러든 모습에서 이 말이 유래된 게 아닌가 싶다. 한데 엉겅퀴라는 말은 어디서 온 것일까? 꽃이 열매를 맺을 때 하얗게 흐드러지게 센 머리털이 서로

'엉켜' 쥐어짜는 것처럼 보여 엉겅퀴라고 불렀을 것이라는 이야기가 있는가 하면, 갑자기 하혈下血할 때 엉겅퀴 뿌리를 즙을 내어 마시면 즉효가 있어 퍼뜩 피를 '엉키게' 한다 하여 엉겅퀴라고 불렀다는 설도 있다. 그런데 이 설을 보다 더 뒷받침해 주는 것이 있으니, 고려엉겅퀴의 학명 중 속명인 *Cirsium*은 그리스어 *Cirsion*에서 유래되었는데, 이 말은 '정맥 확장'이라는 뜻으로 피와 관련이 있으며, 또 종소명인 *setidens*는 찌르는 털인 자모刺毛를 뜻하는 것이다.

아무튼 앞서 이야기한 것처럼 고려엉겅퀴가 사람들이 흔히 말하는 곤드레다. 그런데 요즘은 곤드레는 물론 봄나물인 냉이, 달래, 곰취, 참취도 산에서 캐는 게 아니라 다들 남새로 키운다. 곤드레밥으로 유명한 강원도 정선에서 예전에 고랭지 배추를 심던 산밭에 이제는 곤드레를 지천으로 심는다고 하는데, 딱히 재배랄 것도 없이 심기만 하면 된단다. 이처럼 곤드레는 요새 한창 각광받는 건강식품으로, 곤드레를 이용한 음식 중에는 곤드레밥이 가장 인기가 있다고 한다.

참 격세지감을 느낀다. 먼 옛날인 조선 시대는 말할 것도 없고 불과 50여 년 전까지만 해도 우리는 매년 봄마다 굶기를 밥 먹듯이 했던 보릿고개를 겪었다. 하여 우리네 어머니들은 겉보리 몇 줌에 그때는 곤드레 같은 나물을 잔뜩 넣고 밥을 지어 밥 양을 늘

렸더랬다. 그때는 곤드레가 건강에 좋은 줄은 전혀 몰랐지. 당시에 건강에 좋아서 또는 맛있어서 곤드레밥을 해 먹었던 사람은 없었을 것이다. 그러던 곤드레밥이 이제는 건강에 좋은 별미 음식으로 손꼽히고 있으니 격세지감을 느낄 수밖에. 아삭하고 향긋한 특유의 향미가 있어서 된장국이나 해장국을 끓여도 좋고, 어린잎과 줄기를 데쳐 우려낸 다음 나물, 국, 튀김, 무침, 볶음 등으로 요리해도 맛이 좋다.

엉겅퀴에 얽힌 슬프면서도 재미있는 서양 전설이 있어 소개한다. 옛날 아주 외딴 어느 마을에 한 부지런한 소녀가 살고 있었다. 소녀는 가진 것이 젖소 한 마리뿐이어서 우유를 짜서 장에 내다 팔아 하루하루 먹고사는 처지였다. 그러던 어느 날 소녀는 우유가 가득 든 항아리를 머리에 이고 장에 가다가 한눈을 팔아 그만 엉겅퀴 가시에 종아리를 찔리고 말았다. 소녀는 깜짝 놀라 항아리를 떨어뜨렸고, 항아리가 깨지며 우유도 몽땅 쏟아 버리고 말았다. 크게 상심한 소녀는 시름시름 앓다가 끝내 목숨을 잃었는데, 훗날 젖소로 환생하여 원망스러웠던 엉겅퀴를 죄다 뜯어 먹고 다녔다는 이야기다.

한편 북유럽에서는 엉겅퀴 가시가 가축의 병을 없애거나 결혼 성취의 주술에도 효과가 있다고 믿었다고 한다. 아울러 스코틀랜드 왕가의 문장紋章이기도 하며, 꽃말은 엄격, 권위라 한다. 그런데 서양에서는 엉겅퀴에 그런 의미가 있다고 해도 우리에게는 피죽 한 그릇도 먹기 어려웠던 한스러운 세월을 살다간 우리 조상님들의 애통함이 담겨 있다 하겠다. 불현듯 어머니 생각이 난다.

두루미
꽁지 같다

두루미는 두루미목 두루밋과의 대형 조류로, 행운과 평화, 장수의 상징으로 여겨 그림이나 자수刺繡에 자주 등장하는 새다. 흔히들 학鶴이라고 부르며, 두루미란 이름은 울음소리에서 유래된 순우리말로서 '뚜루루루 뚜루루루' 울기에 그렇게 부르게 되었다고 한다. 서양 사람들은 두루미를 '정수리에 붉은 관을 쓴 새' 라는 뜻으로 red-crowned crane이라 부르는데, 중국에서도 같은 뜻으로 단정학丹頂鶴이라 부른다. 일생 동안 일부일처로 사는 부부애와 정절貞節의 상징이며, 우아하고 고고하며, 단아하고 고혹한 멋쟁이로 그야말로 새 중의 새라 하겠다! 그래서 "뭇 닭 속의 봉황이요, 새 중의 학 두루미다."라 하면 평범한 여러 사람 가운데 두드러지게 출중한 사람을 비유적으로 이르는 속담이 아니던가.

두루미[*Grus japonensis*]를 학, 백학白鶴, 선학仙鶴, 야학野鶴이라 부르기도 하고, 영어 이름은 crane이다. 어라? 크레인? 고층 건물을 지을 때 긴 팔을 쭉 벌리고 있는 기중기起重機도 크레인 아닌가? 부둣가에서 긴 목을 빼고 있는 것도 있고, 큰 자동차에 그놈을 높다랗게 붙여 놓기도 하지. 그렇다! 공중에서 목을 길게 빼고 이리저리 움직이는 크레인을 보고 있노라면 거참 두루미를 닮았다는 생각이 든다. 이래저래 이름을 잘도 붙였다!

두루미는 몸집이 큰 새이지만 덩치에 비해 머리가 매우 작고 목과 다리는 유별나게 길다. 그래서 학처럼 목을 길게 빼고는 오매불망寤寐不忘 간절히 기다리는 것을 '학수고대鶴首苦待'라 하지! 몸길이는 136~140센티미터로 멀대같이 크고, 날개를 편 길이가 웬만한 어른이 두 팔을 벌린 것보다 긴 240센티미터, 몸무게는 약 10킬로그램이나 나가지만 그래도 몸피에 비해 무게가 덜 나가는 편이다. 이 덩치 큰 두루미가 V, W, Y자 모양으로 대형을 이뤄 그 멀고 먼 시베리아를 오간다. 어떻게 그럴 수 있을까? 조류는 날개를 움직이는 가슴뼈에 붙은 근육이 특별히 발달했고, 보온保溫과 방수防水에 긴요한 깃털로 몸이 겹겹이 싸여 있으며, 몸무게를 가볍게 하기 위해 단단한 뼈 안이 텅 비어 있다. 게다가 몸 안에 공기주머니까지 있다. 또한 창자가 매우 짧아 대변을 그때그때 재빨리 배설하고, 방광이 없어 몸에 소변을 저장하지도 않는다. 허리가 휘도록 고공高空을 날면서도 쉼 없이 숨을 쉬기 위해 대장간의 풀무처럼 들숨과 날숨이 연거푸 허파에 공기를 공급하게 되어 있으니, 이런 것들이 조류의 압권이요, 진면목이라 하겠다. 더불어 유선형인 몸태도 공기의 저항을 줄이는 데 한몫 거들며, 커다란 눈을 가지고 있어 뛰어난 시력으로 먹이도 잘 찾는다. 이렇게 새들의 몸은 긴긴 세월 동안 하늘을 날기 위해 절절이 바뀌고 옹골차게 변해 왔다.

두루미는 온몸이 은빛 흰색이고, 정수리가 붉으니 이것을 '단정丹頂'이라 한다. 어린 두루미는 닭에 있는 볏이 병아리에는 없듯이 단정이 없으며, 다 큰 학이 화가 나거나 흥분하였을 때는 깃이 더욱 붉어진다. 이마에서 멱, 목에 걸친 부위와 날개의 안쪽 둘째 날개깃과 셋째 날개깃은 검정색이고 나머지 날개는 흰색이다. 이러한 두루미의 모습을 중국의 시인 소동파는 '호의현상縞衣玄裳'이라고 표현했다. 직역하면 흰 비단 저고리와 검은 치마라는 뜻으로, 두루미의 깨끗하고 아름다운 모습을 비유한 것이다. 이처럼 옛사람들은 두루미를 고고함과 신성함의 상징으로 보았다. 그리하여 두루미, 즉 학이 천 년이 지나면 푸른 청학靑鶴이 되고, 다시 천 년이 지나면 검은 현학玄鶴이 되는 불사조라고 믿었다.

그래서 청학이 사는 곳을 청학동青鶴洞이라고 신성시하여 지리산에도 청학동이 있지. 한편 두루미 꼬리는 몸에 비해 그다지 걸맞잖게 짤따란 깃털이 덥수룩하게 뭉쳐 있어서 "두루미 꽁지 같다."는 관용어가 생겨났으니, 머리카락이나 수염이 짧게 많이 나서 더부룩한 것을 비유할 때 쓴다. 그런가 하면 아주 작아서 거의 없는 듯한 것은 "두꺼비 꽁지 같다."고 한다.

그런데 안타깝게도 두루미는 그 수가 날로 줄어들고 있어 천연기념물로 지정해 보호하고 있다. 전 세계적으로도 기껏해야 1700~2200마리 정도가 생존해 있다고 하니 큰일이 아닐 수 없다. 우리나라에는 경기도 연천군과 강원도 철원군 주변의 비무장지대, 강화도 부근의 해안 갯벌에 많게는 700여 마리가 해마다 찾아온다고 한다. 주로 가족 단위로 생활하지만 겨울에는 이처럼 큰 무리를 형성한다. 두루미에는 두루미, 재두루미, 검은목두루미, 흑두루미, 시베리아흰두루미 등 5종이 있는데, 이 중에서 두루미와 재두루미가 우리나라에 오는 두루미의 거의 대부분을 차지한다. 본고향인 시베리아의 우수리 지방, 중국 북동부, 아예 텃새가 된 일본 홋카이도 등지에서 여름에 번식한다. 땅 위에 짚이나 마른 갈대를 쌓아 올려 접시 모양으로 둥지를 지은 뒤, 6월경에 한배에 2개의 알을 낳아 암수가 번갈아가며 함께 품는다. 32~33일이면 부화하여 새끼는 약 6개월 동안 어미의 보호를 받으며 자란다. 그런데 참 애석하게도 대부분 새끼 2마리를 모두 키우지는 못한다. 먹이 환경이 좋지 못함을 감지하면 처지는 새끼를 도태시키기 때문이다. 일견 잔인한 듯 보이지만 두루미 입장에서는 어쩔 수 없는 지혜로운 생존 전략이다. 두루미는 "학 다리 구멍을 들여다보듯."이라는 속담이 있을 정도로 먹이를 찾을 때에는 살금살금 발을 떼어 놓으면서 사방을 조심조심 골똘히 살핀다. 먹이는 주로 미꾸라지, 올챙이, 갯지렁이, 다슬기, 갑각류 등의 동물성 먹이와 곡식 낟알, 풀뿌리 등의 식물성 먹이를 모두 먹는다.

"학이 곡곡 하니 황새도 곡곡 한다."는 말은 주견主見 없이 남이 하는 대로 따라할 때를 일컫는 말이다. 두루미는 주로 땅에서 생활하고 좀처럼 가지 무성한 소나무에 앉지 않는다. 따라서 소나무 위에 앉아 있는 자수나 그림 속의 학은 사실 두루미가 아니라 두루미와 비슷한 황새거나 백로白鷺다. 해, 산, 물, 돌, 구름, 소나무, 불로초, 거북, 학, 사슴이 오래도록 살고 죽지 않는다는 십장생十長生이다. 그래서 흔히 두루미를 두고 천년의 삶을 누린다지만 실제로는 40~50년을 살 뿐이다. 어쨌거나 두루미야, 길이길이 세세만년歲歲萬年 겨울이면 이 땅에 들러다오. 등 따습고 배부른 고향, 보금자리를 등지고 나들이 나와 풍찬노숙風餐露宿하는 객창客窓의 길손들이 불편 없도록 우리는 세심하게 보살펴 주자.

눈썹에 불났다, 초미지급

두 눈두덩 위에 가로로 모여 난 짧은 털 겉눈썹eyebrow과 위아래 눈시울에 난 속눈썹eyelash 모두 눈썹이다. 여자들은 겉눈썹은 다듬은 뒤 모양을 내 그리고, 속눈썹에는 길고 뻣뻣한 인조 속눈썹을 붙여 멋을 내기도 한다. 눈썹 사이를 미간^{眉間}이라 하는데, 평소 뭔가에 몰두하는 사람들, 기분이 언짢아서 습관적으로 늘 미간을 찡그리는 사람들은 눈썹 사이에 내 천^川 자 모양의 번뇌의 주름을 갖게 된다. "눈썹에 불이 붙는다."는 속담은 뜻밖에 큰 걱정거리가 닥쳐 매우 위급하게 된 것을 뜻하며, 눈썹을 사를 정도로 매우 급하다는 '초미지급^{焦眉之急}'과 일맥상통한다. 졸음이 오는데 자지 않으려고 애쓸 때에는 "눈썹 씨름을 한다."라 하고,

"눈썹만 뽑아도 똥 나오겠다."란 말은 조그만 괴로움도 이겨 내지 못하고 쩔쩔매는 것을 놀림조로 이르는 말이다. "사위 반찬은 장모 눈썹 밑에 있다."라는 속담은 백년지객百年之客인 사위를 대접하려고 장모가 눈에 보이는 대로 찾아서 맛있는 밥상을 차려 주려 한다는 뜻이다. 그런가 하면 '흰 눈썹'이라는 뜻의 고사성어 '백미白眉'도 있다. 제갈공명의 친구 마량馬良은 형제들이 모두 재주가 뛰어났으나, 그중에서도 어려서부터 흰 눈썹이 난 마량이 가장 뛰어났다고 한다. 그래서 이때부터 여럿 가운데에서 가장 뛰어난 사람이나 작품을 일컬어 백미라고 부르게 되었다고 한다.

몸뚱이는 어느새 덧없이 축나고 기력도 쇠하여 흐느적흐느적 잦아드는데 얄궂게도 눈썹 하나는 두고두고 새까맣게 싱싱함을 잃지 않고 있으니 이 무슨 해괴망측한 일이람. 망령이 따로 없다. 아름다워진다면 막무가내로 목숨까지 내놓는 사람들. '눈썹 하나 까딱하지 않고' 아주 태연하게, 땀나고 세수해도 지워지지 않는 영원불변한 만년지택萬年之宅을 양 눈썹 위에 떡하니 지어 놨으니, 이른바 '눈썹 문신'이라는 것이다. "산 범의 눈썹을 뽑는다." 하더니만 감히 손댈 수 없는 위험한 짓을 한다. 무에 그리도 예뻐지고 싶은 것일까.

눈두덩 위의 겉눈썹 하나도 하도 각각이라 그 꼴이 같은 사람이 없다. 유전자란 참 오묘하다. 눈썹 숱이 아주 빽빽하거나 듬성한 사람, 굵거나 가는 사람, 필자처럼 미간 쪽은 바특하고 겉은 드물고 성긴 반 토막 눈썹 등등 사람마다 다르다. 그런데 별거 아닌 듯 보여도 눈썹이 없으면 얼굴 꼴이 말이 아니다. 미용적 측면뿐만 아니라 기능적 측면에서도 문제가 생긴다. 왜냐하면 눈썹은 이마에서 떨어지는 빗물이나 땀방울이 눈에 들어가지 못하게 막아 주는 곳이기 때문이다. 그냥 멋으로 난 것이 아니라는 말씀!

살갗이나 공기의 통로인 숨관, 피가 흐르는 혈관, 음식이 지나는 식도, 위, 창자나 요도 같은 뭔가와 만나는 상피上皮 세포들은 하나같이 고작 일주일 정도 살다 죽으며, 대신 밑에서 새 세포가 잇따라 쑥쑥 생겨나 끊임없이 밀고 올라온다. 이렇게 상피에 묻은 잡티나 색소 입자 따위는 영락없이 죽은 세포를 따라 사라져 버리지만, 그 아래 진피眞皮에 끼인 것들은 새살이 돋지 않기에 고스란히 계속 머물게 되어 검거나 지저분한 흔적이 그대로 남는다. 흉터나 기미, 주근깨와 문신 따위가 그렇다.

동서고금을 막론하고 범죄 집단의 맹세 표시, 주술, 예술적 상식 등 여러 이유로 피부의 진피층에 먹물이나 색깔 나는 탄소 알갱이를 바늘로 촘촘히 팍팍 꽂고 찔러 글씨나 무늬, 그림을 그리니 이것이 문신文身, 요즘 많이 쓰는 말로는 타투tattoo이다. 필자가 어릴 적엔 동네 젊은 여자들이 번갈아 가면서 가는 먹실을 꿴 바늘로 오금이나 허벅지, 팔목 등의 살갗을 떠서 우정을 맺곤 했으며, 아주 옛날엔 죄지은 사람의 이마나 팔뚝의 살을 따고 흠을 내어 먹물로 죄명을 자자刺字하여 변두리로 귀양을 보냈다.

한편 동물 세포에는 리소좀lysosome이라는 작은 주머니가 있는데 그 속에 들어 있는 라이소자임lysozyme이라는 가수 분해 효소는 다른 이물질이나 세포에서 생긴 찌꺼기를 분해해 준다. 뿐만 아니라 세포가 죽으면 쥐도 새도 모르게 녹여 버리기에 리소좀을 '자살 주머니'라고도 부른다. 라이소자임 효소는 눈물, 콧물, 침, 땀, 모유 등의 점액 물질에 많이 들어 있고, 중성 백혈구에 매우 많이 들어 있다. 올챙이의 꼬리를 녹이거나 3~6개월 된 태아의 손발가락 사이의 얇은 막을 없애는 일도 라이소자임 효소가 담당하니 이런 것을 '세포 자살'이라 한다.

죽은 세포나 세균, 바이러스 같은 아주 작은 이물질은 중성 백혈구의 일종인 거대 세포가 라이소자임 효소로 쉽게 녹여 버리지만, 먹물의 탄소 알갱이는 워낙 커서 도무지 처리하지 못한다. 그런데 문신, 기미, 주근깨나 검버섯 따위를 지우기 위해 피부과에서 레이저를 쐬지 않던가? 레이저로 태우면 탄소 입자가 아주 작은 가루로 부서진다. 그러면 거대 세포가 이때를 놓칠세라 작아진 이물질을 말끔히 먹어 치우니 그제야 문신이 스르르 지워지는 것이다.

"길을 떠나려거든 눈썹도 빼어 놓고 가라."고 했다. 먼 길을 떠날 때는 아무리 조그마한 것이라도 짐이 되고 거추장스럽다는 말이다. 이 노생老生이 허투루 하는 소리라 여겨도 좋다. 여성들이여, 두 팔 포개고 누워 있는 '검은 눈썹의 주검'을 연상하고 눈썹에 바늘 찌르는 허튼짓을 삼가시라. 늙음을 자연스럽게 받아들이는 넉넉한 마음가짐이 필요하다는 것. 영겁 세월의 날줄과 광활한 우주의 씨줄이 만나는 교차점이 바로 '나'가 아니던가. 잠시 후에 사라져 버릴 그 점 말이다. 우리 남정네들은 그대들의 가짜배기 검은 눈썹보다는 검박하면서도 자비롭고 풋풋하며 훤칠한 해맑은 눈망울을 보고 싶어 한다. 반짝반짝 빛나는 물기 촉촉한 눈망울 말이다. 허사가 아니다. 이 늙은이의 눈에도 '귀신 눈썹'이 매력 포인트로 보이질 않는다. 이른바 노거수老巨樹인 늙다리들의 얼굴에는 온갖 검버섯들이 형형색색 흐드러지게 피어 있어야 제격일 터. 하지만 예뻐지고 싶은 여자의 본능을 누가 탓하랴. 백두 살에 타계하신 필자의 처조모님께서도 이른 아침 거울 앞에서 눈썹 화장을 열심히 하셨으니까.

넙치가 되도록
얻어맞다

아래의 시는 류시화의 멋들어진 시「외눈박이 물고기의 사랑」
(열림원)이다.

외눈박이 물고기처럼 살고 싶다

외눈박이 물고기처럼

사랑하고 싶다

두눈박이 물고기처럼 세상을 살기 위해

평생을 두 마리가 함께 붙어 다녔다는

외눈박이 물고기 비목처럼

사랑하고 싶다

우리에게 시간은 충분했다 그러나
우리는 그만큼 사랑하지 않았을 뿐
외눈박이 물고기처럼
그렇게 살고 싶다
혼자 있으면
그 혼자 있음이 금방 들켜 버리는
외눈박이 물고기 비목처럼
목숨을 다해 사랑하고 싶다

이 시를 읽으면서 '비목'의 의미를 따지려 들지 않고 그저 그러려니 하고 건성으로 넘겨 버렸었다. 내가 즐겨 부르는 노래 중 「비목」에 나오는 가사처럼 초연硝煙이 훑고 지나간 계곡에 이끼 되어 누워 있는 이름 모를 '비목碑木' 정도로 여기고 넘어갔던 것인데, 나중에서야 그것이 비목어比目魚의 '비목比目'임을 알았다. 바보가 따로 없다. 두 눈이 몸 한쪽에 나란히 있는, 곧 외눈박이 눈임을 알고 봤더니 이 시가 물씬 가슴에 와 닿았다. 애꽃게도 암수 둘이 다 눈이 1개밖에 없으니 평생을 2마리가 함께 붙어 눈을 떼지 않고 있어야 온전히 살 수 있는 것을 비유하며, 여기서 "둘이 떨어지지 않고 늘 같이 다닌다."는 '비목동행比目同行'이란 말이 나왔다고 한다. 내 진정 사랑할 수 있는 이 어디 있다면 눈 하나를 빼어 버리겠노라! 근사한 사랑 한번 하고 죽고 싶다. 물론 늙은이인 필자에겐 부질없는 소리다. 그건 그렇고 한데 세상에 어디 외눈박이 물고기가 있을라고? 있다고 해도 벌써 억센 놈한테 잡아먹히고 말았겠지. 물고기가 늙어 죽는 것 봤나. 말 그대로 약육강식弱肉强食이다. 힘 빠졌다 싶으면 어느 놈이 잽싸게 채 간다. 동족상잔同族相殘까지도 불사하는 물고기들이니 눈 뜨고도 당한다.

외눈박이 비목어는 가자미목 넙칫과에 드는 바닷물고기를 말한다. 이 물고기들은 눈이 작은 축에 들기에 "넙치 눈은 작아도 먹을 것은 잘 본다."는 속담도 있는데 "메기가 눈은 작아도 저 먹을 것은 알아본다."는 속담이나 매한가지다. 횟감으로 자주 오르는 도다리와 가자미, 서대, 넙치 등이 모두 비목어다. 이것들은 하나같이 몸이 종잇장처럼 위아래로 납작하여 한쪽으로 두 눈이 몰려 있다. 넙치의 치어는 다른 여느 물고기와 마찬가지로 눈이 양쪽에 제대로 붙어 있지만, 1센티미터가량 자라면서 두개골이 뒤틀리며 눈이 그만 한쪽으로 쏠리고 만다. 혹여 그 과정이 아플까 걱정하지 마시라. 이는 이미 난할 과정에서 정해진 유전성이다. '좌광우도'라고, 두 눈이 왼쪽으로 쏠려 달라붙은 것이 광어와 서대요, 오른쪽으로 몰린 것이 도다리와 가자미다. 아무튼 한쪽으로 두 눈이 내리쏠려 버렸으니, 하여 째려보거나 눈을 흘길 때 "가자미눈을 하고 노려본다."는 표현이 생겼다.

비목어의 대표 주자 넙치[*Paralichthys olivaceus*]는 형용사 '넓다'
의 어근 '넓–'에 물고기를 뜻하는 접미사 '–치'가 붙어 '몸이 넓
은 물고기'란 뜻으로, 흔히들 광어廣魚라 부른다. 그런데 사실 정
확히 말하자면, 넙치는 Japanese flatfish 또는 Korean flatfish
라는 영어 이름처럼 '몸이 납작한 물고기'라는 뜻의 '납치'라고
하는 것이 맞다. 어쨌든 간에 "넙치가 되도록 맞았다."는 우리 속
담이 있다. 오른쪽 눈이 왼쪽으로 휙 돌아갈 정도로 얻어맞았다
는 말인데, 몹시 무안을 당해 위신이 뚝 떨어져 코가 납작해졌다
는 뜻으로 쓴다.

넙치는 두 눈이 몸의 왼쪽에 치우쳐 모들뜨기 모양이고, 눈 사
이는 어지간히 넓고 편평하다. 아래턱이 위턱보다 조금 앞쪽으로
돌출되어 있고, 입이 크고 경사져 있으며, 양턱에는 날카로운 송
곳니가 한 줄로 나 있다. 그리고 납작한 몸을 움직이기 위해 몸
양측 가장자리의 두 지느러미가 잘 발달되어 있어, 회로 먹었을
때 등지느러미 부분이 진미라 한다. 바다 밑 환경에 적응하기 위
해 납작할 뿐만 아니라 위쪽은 황갈색이고, 아래 배 바닥은 흰색
으로 보호색을 띤다. 엎어 놓은 접시 아래에는 해가 들지 못하지
않던가. 환경에 따라 몸색깔을 그때그때 바꾸기에 넙치를 '바다
의 카멜레온'이라 부른다.

넙치는 바다 바닥에 사는 저서성低棲性 어류로 수심 10〜200
미터의 대륙붕 주변 모랫바닥에 주로 서식하며, 둥근 모양에서
긴 타원형까지 있고, 비늘이 매우 작은 편이다. 우리나라 서해안
에 서식하는 넙치는 늦가을에 남쪽으로 무리 지어 이동하여 심해

에서 겨울을 보내고, 봄이 되면 다시 북으로 이동하여 2~6월경에 20~40미터의 암초나 자갈 바닥에 산란한다. 보통 몸길이가 45센티미터쯤 되는 3년생이 되면 산란하며 암놈이 수놈에 비해 더 크다. 치어 때는 플랑크톤이나 자잘한 갑각류를, 성장하면서는 작은 물고기, 갑각류 등을 먹는 육식성 어류다. 최근에는 양식 기술이 발달하여 한해 내내 넙치 맛을 볼 수 있는데 신선한 횟감으로 인기이고, 튀김이나 찜, 탕을 만들어 먹기도 한다. 산란 후에는 맛이 크게 떨어져 "3월 넙치는 개도 안 먹는다."는 말이 있다. 그래서 월동기가 제철이다. 우리나라, 일본, 쿠릴 열도, 동중국해, 남중국해 등 서태평양에 분포한다.

그런데 이런 애련哀戀의 사랑은 비목어에서 멈추지 않는다. 정녕 눈물은 사랑의 샘에서 나온다고 했던가. '비익조比翼鳥'라는 새가 있다. 암놈과 수놈이 눈과 날개가 하나씩이라 짝을 짓지 않으면 날지 못한다는 전설 속의 새로, 역시 화목하고 다정한 남녀 간의 두터운 정을 말한다. 그런가 하면 아주 신기한 부부 나무도 드물게 볼 수 있다. 두 나무 사이를 나뭇가지 하나가 떡하니 이어 놓고 있는 '연리지連理枝'다. 한 나무의 가지가 다른 나무의 가지에 맞닿아 서로 숨결이 통하고 있으니, 역시 죽고 못 사는 부부나 남녀 사이를 비유한 말이다. 또한 한 뿌리에서 난, 이어진 가지라는 뜻의 '연지連枝'도 있는데 이것은 형제자매를 비유적으로 이르는 말이다. 떼지 못할 가지라면 사랑으로 품어 줄지어다.

하여간 비목어, 비익조, 연리지 어느 것 하나 상대를 설잡지 않는다. 그들은 하나같이 남을 먼저, 남을 나보다 더 생각하고 아끼는 무아주의無我主義, 즉 애타심愛他心에 눈뜨라는 짜릿한 깨침을 준다. 임이여, 이 온 마음이 임에게 쏠려 나를 잊고 있나이다! 하지만 마음, 마음, 마음이여, 알 수가 없구나. 너그러울 때는 온 세상을 다 받아들이다가도 한번 옹졸해지면 바늘 하나 꽂을 자리가 없으니…….

언청이
굴회 마시듯 한다

"언청이 굴회 마시듯 한다"는 속담이 있다. 언청이가 갈라진 입술 사이로 생굴이 빠져나갈까 싶어 단숨에 후루룩 마신다는 뜻으로, 어떤 일을 서슴지 않고 쉽게 하는 것을 일컫는 말이다. 알다시피 언청이는 윗입술이 닫히지 않고 열려 있다. 태아의 발생 과정을 보면 입술은 양쪽에서 차근차근 조직이 자라나다 끝에 가서는 서로 딱 달라붙게 된다. 그래서 생긴 것이 윗입술 사이에 오목하게 골이 진 인중人中이다. 그런데 발생 과정에서 이 인중이 미처 다 붙지 못하고 갈라진 틈이 생기기도 하는데 이를 입술갈림증, 즉 구순개열口脣開裂이라고 한다. 영어로는 '틈난 입술'이라는 뜻의 cleft lip이라 하거나 '토끼 입술'이라는 뜻의 harelip이라 한다. 요즘에야 성형 기술이 발달하여 감쪽같이 꿰매 버려 그런 사람을 보기 어렵지만 필자가 어렸을 때만 해도 그런 동무들이 많았다. 그 애들은 입술로 바람이 새어 나와 발음이 떠듬떠듬 어눌하고 똑똑치 못했다. 쉽게 말해서 혀짜래기소리를 했다.

언청이에 관련된 속담을 좀 더 살펴보자면, 우선 "언청이 아가리에 콩가루"는 아무리 감추려고 하여도 저절로 다 드러난다는 뜻이요, "언청이 아니면 일색"이라는 말은 그 결점만 없으면 훌륭하고 완전하다고 비꼬는 말이며, "언청이 퉁소 대듯"은 이치에 맞지 않는 말을 함부로 함을 비유하는 말이다. 어찌 되었든 너무 놀리지 말라. "언청이도 저 잘난 맛에 산다."는 속담도 있다.

흔히 굴은 갓굴, 가시굴, 토굴, 석화石花, 모려牡蠣 등으로 불린다. 무릇 별명이 많은 사람은 유명한 사람이렷다. 굴은 껍데기가 둘인 연체동물의 이매패二枚貝이며, 발이 도끼를 닮았다 하여 부족류斧足類라 부르기도 한다. 어쨌거나 바위에 찰싹 달라붙은 것은 왼쪽 껍데기인 좌각左殼이고, 여닫는 위의 것이 우각右殼이다. 우리나라에 서식하는 굴에는 우리가 주로 먹는 참굴[Crassostrea gigas]을 위시하여 비스름한 것이 좋이 3속 10종에 달한다. 굴 껍데기는 꺼칠꺼칠한 비늘 모양의 결이 서 있으며 성장선도 나 있다. 천적은 게, 불가사리, 갯우렁이, 피뿔고둥, 바닷새 등이다. 물론 거기에 사람이 빠질 수야 없지!

바다 채집을 나가는 날에는 자연히 굴 따는 아낙네들을 만나기 일쑤다. 그들의 잰 손놀림은 가히 예사롭지 않다. '조새'라고 부르는, 끝이 꼬부랑한 쇠갈고리로 두 껍데기를 맞닿게 이어 주는 폐각근閉殼筋 부위를 탁 친 다음 위쪽 껍데기를 휙 들어내고 안의 뽀얀 살을 쿡 찍어 그릇에 담는다. 그동안 숱하게 반복해 왔으니 그 일련의 과정에 군더더기가 하나도 없다. 눈 감고도 일사천리인 말 그대로 달인이다!

그만 제 짝을 잃고 바위에 홀로 달랑 남겨진 납작한 굴 껍데기의 색은 무척 새하얗다. 멀리서 보면 뽀얀 껍데기 자국들이 거무스레한 너럭바위에 온통 다닥다닥 널려 있으니 그것이 바로 돌꽃인 석화石花다. 필자의 고향에서는 아직도 굴이라고 하면 모르고 석화라고 해야 알아듣는다. 이렇게 돌이나 너럭바위에 붙어사는 자연산 굴을 '어리굴'이라 하고, 그것으로 젓갈을 담근 것이 밥도둑 '어리굴젓'이다. 여기서 '어리'란 말은 어리다, 작다는 뜻으로 어리연꽃, 어리여치, 어리박각시 등에도 쓰인다. 아울러 쇠기러기의 '쇠', 왜우렁이의 '왜', 갈대의 '갈' 등도 다 작다는 뜻을 지닌 말이다.

서양 사람들은 굴에 홀딱 반해 '바다의 우유'라며 강정제强精劑로 여겼다. 실제로 굴에는 남성 호르몬을 만드는 데 쓰이는 특수 아미노산과 아연이 넘쳐 장복하면 정자 수가 늘어난다고 한다.

우리식으로 말하면 '바다의 인삼'인 셈이다! 생굴을 초고추장에 찍어 먹는 생굴회 말고도 생선 젓갈을 만들 듯 발효시켜 얻는 굴소스, 굴깍두기, 굴김치, 굴장아찌, 굴저냐, 굴밥 등으로 다양하게 요리해 먹는다. 그런데 달력에 영어로 R자가 들어 있는 달에는 굴을 생으로 먹어도 되지만 R자가 들어 있지 않은 5월May, 6월June, 7월July, 8월August에는 굴이 독성을 가지는 산란기인 데다가 바닷물에도 비브리오균, 살모넬라균, 대장균 등이 득실거려 날것으로 먹으면 크게 탈이 난다.

옛날에는 자연산 굴을 손으로 일일이 따서 채취했지만 요즘에는 주로 양식을 한다. 굴 양식엔 크게 3가지 방법이 있다. 빈 굴 껍데기를 올망졸망 줄에 꿰어 바닷물 속에 뒤룽뒤룽 드리워 놓아 키우는 남해안의 수하식垂下式과 널따란 서해안 갯벌에다 넓적한 돌을 적당한 간격으로 던져 놓는 투석식投石式, 또 프랑스에서 갓 배워 온 방법으로, 그물 보자기에 새끼 굴을 넣고 평상平床 같은 데 올려놓아 키우는 수평망식水平網式이 그것이다. 이 중에서 굴의 맛이 가장 좋은 방법은 투석식이라고 한다. 왜냐하면 여름엔 찌는 듯한 무더위와 작열하는 땡볕에 잇따라 노출되고, 겨울엔 칼 추위에 맞서서 송곳 바람을 오롯이 맞으니 자연산처럼 육질이 좋고 맛있을 수밖에. 극한 상황을 겪은 생굴이 만일의 사태에 대비해서 몸에 여러 영양분을 그득그득 쌓아 놓은 것이다. 혹자는

'젊음은 실패의 계절'이라 했고, 고난을 겪지 않은 영웅은 없는 법이요, 힘들게 꿋꿋이 산 사람에게서 사람 향기가 진하게 풍기는 법이다.

굴은 하나같이 수놈이 일찍 성숙하는 웅성선숙雄性先熟이다. 그래서 첫해에는 모두 수놈이다가 2~3년 뒤면 예외 없이 거의 다 암놈으로 성전환을 한다. 수놈과 암놈, 즉 성비가 뒤죽박죽 바뀐다는 말이다. 반면에 굴과 달리 암놈이 수놈보다 먼저 자라는 자성선숙雌性先熟은 산호초의 물고기 등에서 더러 보인다. 사람도 여자가 남자보다 먼저 성숙한다.

굴이나 조개를 먹다 보면 드물기는 해도 진주가 나오는 경우가 있다. 그런데 진주를 품은 조개는 얼마나 쓰리고 아플까? "상처 입은 굴이 진주를 만든다."는 말이 있듯이 굴과 조개에게는 진주가 보석이 아나라 암 덩어리이다. 하루에도 열두 번씩 토악질하고 싶지만 참고 또 참으면서 아픔을 품어 주는 조개! 그런 아림 끝에 기어코 영롱한 방주蚌珠를 낳는다. 자연산 진주가 생겨나는 과정은 다음과 같다. 어쩌다 기생충이나 이물질이 굴이나 진주조개 무리에 빨려 들어가 패각과 외투막外套膜 사이에 끼어들면, 외투막에서 진주 성분을 분비하여 그것을 에워싸니, 여러 해 동안 진주 성분이 켜켜이 쌓이고 촘촘히 쌓여서 마침내 자연산 진주가 되는 것이다. 이것을 모방하여 껍데기가 두꺼운 민물조개의 껍데기를 잘라 동그랗게 갈아 만든 작은 핵核을 일부러 바다 진주조개나 민물 진주조개의 패각과 외투막 사이에 삽입하여 진주를 만드니 이것이 인공진주다. 허나 제아무리 진주가 귀하다고 해도 탄산칼슘 덩어리일 뿐이다. 구슬이 서 말이라도 꿰어야 보배지!

칡과 등나무의 싸움박질,
갈등

제18대 대통령 선거에서 승리한 박근혜 당선인은 선거 다음 날인 20일, 제일성으로 "과거 반세기 동안 이어진 분열과 갈등의 역사를 화해와 대탕평大蕩平으로 끊겠다."고 단호하게 말했다. 이처럼 일상에서 자주 쓰이는 말인 '갈등葛藤'은 칡과 등나무라는 뜻으로, 일이나 사정이 달라 칡넝쿨과 등나무 덩굴이 서로 얽히는 것과 같이 복잡하게 뒤엉켜 적대시하거나 불화를 일으키는 것을 비유하는 말이다. 또한 서로 상치되는 견해, 처지, 이해 따위로 생기는 충돌, 정신 내부에서 각기 틀린 방향의 힘과 힘이 맞부딪치는 상태를 이르기도 한다. 그렇다면 칡과 등나무가 어떻게 불구대천不俱戴天으로 화합하지 못한단 말인가. 이들 식물이 어떻게 얽히고설켜 있는지를 알아야 그 뜻이 술술 풀릴 것이다. 아무튼 식물 생태 학자 못지않은 선현들의 통철洞徹에 놀람을 금치 못한다.

그럼 칡과 등나무에 대해 알아보자. 먼저 칡[*Pueraria thunbergiana*]은 쌍떡잎식물 장미목 콩과의 여러해살이 덩굴 식물로, 줄기가 매년 굵어지고 길어져 20미터 이상을 뻗는다. 주로 산기슭의 양지에 나며, 다른 물체나 나무를 오른쪽으로 감아 올라가고, 푸나무들을 덮쳐 죽이기 때문에 농부들은 놈들을 걷어 내느라 갖은 애를 먹는다. 긴 잎자루에 3개의 작은 잎이 열리는데, 털이 많은 마름모꼴 또는 달걀꼴이며, 잎자루 아래에는 2센티미터 내외의 턱잎이 붙어 있다. 어긋나는 잎은 길이와 폭이 각각 10~15센티미터이고, 가장자리가 밋밋하거나 얕게 세 갈래로 갈라진다. 나비꼴인 꽃은 붉은빛이 도는 자주색으로 8월에 피는데, 길이 10~25센티미터로 수많은 것이 모여 달리며, 4~9센티미터의 넓은 줄 모양이다. 열매는 꼬투리로 맺히는 협과莢果로 9~10월에 익는다. 칡은 오래전부터 구황 작물로 식용하여 칡묵이나 칡죽 등을 해 먹었다. 필자만 해도 배고팠던 어린 시절에 죽기 살기로 칡뿌리를 캐서 흙은 바짓가랑이에 대충 문지르고는 낫으로 썩썩 빼진 뒤 질근질근 씹어 단물을 빼 먹었지. 뿌리 녹말이 그렇게 달짝지근할 수 있다니! 칡뿌리를 달여서 칡차를 만들어 먹고, 칡뿌리를 짓찧어 물에 담근 뒤 가라앉은 앙금을 말려서 얻는 갈분葛粉은 녹두 가루와 섞어서 갈분국수를 만들어 먹는다. 그리고 삶은 칡덩굴의 껍질인 갈포葛布는 갈포벽지를 만든다. 어릴 적 기억이지만 필자의 고향에서는 지리산에서 만든 참숯 포대를 칡으로 칭칭 감아 새끼 대용으로도 많이 썼다.

등나무는 칡과 마찬가지로 쌍떡잎식물 장미목 콩과의 낙엽덩굴 식물로, 10미터에 달하는 줄기는 칡과 반대로 지주목支柱木을 왼쪽으로 감아 오른다. 잎자루에 13~19개의 타원형의 작은 잎이 마주나며, 잎 길이는 4~8센티미터이다. 등나무 잎사귀도 아까시나무 잎을 똑 닮아 어렸을 때 가위바위보를 하며 잎을 하나씩 따는 '잎사귀 따기 놀이'를 하곤 했다. 우리 땐 땅바닥이 칠판이요, 주변의 모든 것이 장난감이었다. 꽃은 잎겨드랑이에서 나와 5월경에 연한

자주색으로 피고,
열매는 9월에 익는다. 영
판 칡꽃 닮은 등꽃을 말려서
신혼부부의 침구에 넣어 주면
부부 금슬이 좋다는 속신俗信이 있다고 한다. 등나무
는 여름에 뙤약볕을 가려 그늘을 만들기 위해 흔히 심으니 짙은
향기 풍기며 흐드러지게 핀 꽃은 물론, 빽빽하게 축축 늘어진 열
매도 볼 만하다. 줄기로는 지팡이나 의자 등을 만든다.

그런데 식물 줄기는 기거나 덩굴손으로 잡고 오르는 것도 있
지만 칡과 등나무는 굵은 동아줄 같은 줄기를 다른 나무에 칭칭
휘감고 올라가는 특성이 있으니, 칡은 유별나게 오른쪽으로 감
고, 등나무는 왼쪽으로 돌돌 감아 오른다. 덩굴 식물은 종류마다

정해진 방향으로 뒤틀고 오르는데, 감싸는 방향을 일부러 바꿔 놓아도 다시 원래 제 방향대로 처매고 오른다. 그 무서운 유전자라는 것이 명령을 내린 탓이다! 그렇다면 줄기가 꼬불꼬불 굽으면서 감는 까닭은 뭘까? 덩굴줄기가 감아 오르면서 지주에 닿는 부분은 세포 분열이 느리고, 반대쪽 부분은 빠른 탓에 굽으면서 감게 되는 것이다. 한데 줄기의 끝에서 아래로 내려다봤을 때 시계 방향으로 감는 것을 '오른쪽 감기'라 하고, 시계 반대 방향으로 감는 것을 '왼쪽 감기'라고 한다. 칡과 등나무를 한자리에 심어 두면 오른쪽 감기의 달인인 칡과 왼쪽 감기의 명수인 등나무 둘이 종잡을 수 없이 서로 반대로 뒤틀려 엇갈리게 타래를 감으니, 그게 바로 '갈등'이다. 이리 비틀거나 저리 꼬면서 움직이는 것을 용틀임이라 하지. 서로 좋은 자리를 차지하겠다고 밀고 당기고 치솟고 짓누르며 뒤엉키는 불화, 상충, 충돌, 즉 갈등을 이들에게서 확인한다.

칡, 나팔꽃, 메꽃, 박주가리, 새삼, 마 등은 오른쪽 감기를 하고, 등나무, 인동, 한삼덩굴은 왼쪽 감기를 하며, 더덕은 방향을 가리지 않는 양쪽 감기를 한다.

그런데 세상은 오른손잡이 차지다. 오른손을 쓰는 사람이 90퍼센트에 이르고, 왼손을 쓰는 사람은 10퍼센트 정도밖에 안 된다. 고둥과 달팽이의 껍데기도 왼쪽 감기보다 오른쪽 감기가 더 많다. 원자는 물론이고 분자도 오른쪽으로 뒤틀려 있고, 이중나선구조인 DNA도 97퍼센트가 오른쪽으로 감는다. 왜 오른쪽이 우세한가에 대해서는 아직 이유를 모른다. 과학에는 아직 밝혀지지 않은 신비가 많다. 아무쪼록 박근혜 대통령이 약속한 대로 좌우, 노소, 남녀의 갈등 없는 세상을 만들어 주기를 바란다. 끝까지 지켜볼 참이다.

달걀에 뼈가 있다?
달걀이 곯았다!

'계란유골鷄卵有骨'은 "달걀에도 뼈가 있다."라는 뜻으로, 황희 정승과 관련된 일화가 있는 고사성어다. 영의정임에도 너무나 청렴하게 생활하는 황희 정승을 안쓰럽게 여긴 세종대왕은 궁리 끝에 하루 동안 남대문에 들어오는 물건을 모두 황 정승의 집으로 보내라고 명령했다. 그러나 그날따라 폭풍우가 종일토록 치는 바람에 저녁 늦게야 달걀 한 꾸러미가 들어온 것이 고작이었고, 그것마저도 모두 곯아서 1개도 먹을 수가 없었다고 한다. 여기에서 '곯다'가 '뼈 골骨' 자로 바뀌어 "달걀에도 뼈가 있다."는 뜻이 되었고, 운수가 나쁜 사람은 모처럼의 좋은 기회가 오더라도 뜻대로 되지 않는다는 의미로 쓰이게 되었다. 비슷한 속담에 "재수가 없는 사람은 뒤로 넘어져도 코가 깨진다.", "재수가 없는 포수는 곰을 잡아도 옹담이 없다." 등이 있다. "달걀로 바위 치기", "바위에 달걀 부딪치기"라는 속담은 대항해도 도저히 이길 수 없는 경우를 비유적으로 이르는 말이다.

알 낳을 시간이 된 암탉은 알겯는 소리를 내며 알자리 근방을 맴돈다. 그러다가 후르르 알자리 둥지에 날아오른다. 처음엔 밑알을 넣어 두어 거기에 낳도록 유인하는데, 옛날엔 닭을 다 놓아 길렀기에 옆집 암탉이 더러 우리 집에 와 알을 낳는 수가 있었지. 이제야 고백하는데, 그걸 날름 주워다 소죽 끓이는 솥에 삶아 먹은 사람이 나다. 물론 어머니가 아시면 혼쭐이 나기에 달걀 껍데기는 모두 아궁이 깊숙이 넣어 흔적을 없앴더랬다. 필자는 가끔 알자리 뒤에 숨어 암탉 똥구멍을 들여다보며 알 낳는 것을 보았다. 알이 보일 듯 말 듯 숨쉬기에 맞춰 들락거리다가 어느 순간 쑥 나왔다.

토종 씨암탉은 낳은 알이 20개쯤 모이면 알 낳기를 멈추고 알 품기에 든다. 그러나 새끼를 배지 않은 젖소가 젖을 잇달아 쏟아내듯이, '알 낳는 공장'인 양계장의 암탉도 돌연변이 종들이라 먹이만 잘 주면 쉬지 않고 산란한다.

닭이 먼저냐, 달걀이 먼저냐 하는 시시한 이야기는 하지 말자. 창조론자들은 닭이 먼저고, 진화론자는 달걀이 먼저라 한다. 그리고 달걀은 '닭의 알'을 줄인 우리말이요, 계란^{鷄卵}이라 해서 틀린 것은 아니지만 마땅히 우리말은 우리가 아껴야 하기에 계란보다는 달걀이라고 쓰는 것이 바람직하다. 언어는 곧 문화라 하지 않는가. 한편 달걀은 완전한 구^球가 아니고 정타원형도 아니다. 그래서 또르르 구르지 않고 또 잘 깨지지도 않는 안전 구조다. 달걀을 눕힌 상태에서 세게 뱅그르 돌려 보아 벌떡 일어서는 것은 삶은 것이고, 날것은 그냥 돈다. 왜냐하면 삶은 것은 고체 덩어리라 돌리면 천천히 돌다가 곧 서지만, 날달걀은 안이 액체라 느리지만 관성에 따라 계속 돌기 때문이다. 또한 좀 오래된 것은 포화 식염수에 넣으면 위로 뜨지만 싱싱한 것은 가라앉는다.

다른 조류들이 다 그렇듯이 닭은 왼쪽 난소에서만 알을 만들고 오른쪽 것은 흔적 기관으로 남았다. 알 낳는 암탉을 잡아 보면 난소에는 크고 작은 노른자가 포도송이처럼 한가득 달려 있다. 일정한 크기로 자란 노른자 하나가 떨어져 수란관을 타고 내려가면서 흰자가 둘러싸고, 더 내려가 알껍데기가 달라붙어 달걀이 완성된다. 특별한 일이 없으면 이런 과정을 거쳐 달걀을 하루에 1개씩 낳는데, 필자의 경험상 아침에 닭을 잡았을 때는 수란관의 제일 아래인 항문 근처에 달걀이 있었다. 그런데 그 달걀은 아직 덜 굳어 껍데기가 물렁물렁하더라!

달걀은 아주 크지만 하나의 세포다. 다시 말하면 달걀은 살아 있는 단세포다! 겉 껍데기와 그 안에 있는 두 겹의 얇은 알막과 흰자까지가 세포막에 해당하고, 노른자가 세포질이다. 노른자의 양쪽에 알끈이 붙어 있어서 달걀을 누여 놨을 때 항상 위로 자리를 잡는 작은 점처럼 보이는 배반胚盤이 핵이다. 가장 중요한 부분인 노른자에도 난황막이 있어서 달걀을 깨뜨려도 노른자가 제 모양을 유지한다. 삶은 노른자를 칼로 잘라 보면 희고 노란 무늬 10여 개가 나이테처럼 나타난다. 그 고리 하나가 하루에 자란 것이고, 매일 먹이를 다르게 먹이면 색깔 고리가 더 또렷하게 나타난다.

달걀은 살아 있는 세포이기에 물질대사가 일어난다. 달걀 표면에는 사람 눈으로는 안 보이는 7000여 개의 작은 홈이 나 있다. 그 이유는 넓은 표면적을 얻자는 의도여서 산소가 쉽게 들어간다.

껍질을 통과한 산소는 안의 양분을 산화시켜 에너지를 내고, 그 에너지로 달걀이 살아간다. 그러므로 오래된 달걀일수록 내용물이 점점 줄어들고 나중엔 꿀렁거린다. 그런 맥락에서 달걀을 삶았을 때 껍질이 쉽게 벗겨지는 것은 오래된 달걀이며, 신선한 것은 알이 꽉 차서 잘 까지지 않는다. 괜스레 잘 안 까진다고 애먼 욕을 얻어먹은 싱싱한 달걀들!

그런데 달걀을 삶을 때는 왜 소금을 넣을까? 흔히들 껍질을 보다 수월하게 까기 위해서 그러는 것으로 아는데 아니다. 달걀을 잘 간수해도 작은 실금이 가는 수가 있는데, 그런 달걀을 삶으면 뭉툭한 공기집 속의 공기가 팽창하면서 흰자를 그 틈새로 밀어내게 된다. 그런데 소금을 넣으면 간수 성분이 단백질인 흰자를 응고시키므로 허실이 덜 생겨서 소금을 넣는단다.

그럼 달걀을 삶은 다음 찬물에 식히는 까닭은 뭘까? 삶은 달걀을 까 보면 어떤 것은 노른자가 샛노랗지만, 어떤 것은 겉이 검푸르스름하여 보기에 별로 좋지 않다. 후자는 달걀노른자에 들어 있는 철분^{Fe}과 황^{S}이 섭씨 37도 근방에서 결합하여 황화제일철^{FeS}이 되었기 때문이다. 그런데 달걀을 삶은 뒤에 바로 찬물에 식히면 황과 철의 결합 조건이 깨지게 되어 결합할 수 없게 되고, 결국 노른자의 변색도 막을 수 있다. 다시 말하면 노른자의 변색을 막기 위해 달걀을 삶은 다음에는 찬물에 담가 식히는 것이다. 요리에도 과학이 스며 있다.

콜럼버스가 신대륙을 발견하고 돌아와 친구들에게 자랑을 하였으나 친구들이 퉁명스러운 반응을 보였다고 한다. 화가 난 콜럼버스는 옆에 있던 달걀 하나를 들어 친구에게 주면서 세워 보라고 했다. 친구가 세우지 못하자 콜럼버스가 책상 위에 달걀을 탁 쳐서 세웠으니, 이것이 바로 '콜럼버스의 달걀'이다. 발상의 전환의 예로 자주 거론된다. 그런데 사람들이 이런 이야기를 들고 생긴 선입견 탓에 도통 달걀을 세워 보려 하지 않는다. 하지만 실제로 달걀은 잘 선다. 열 손가락으로 오긋이 쥐고 세워 보라. 12시간에 439개를 세운 것이 세계 기록이다. 무릇 창조는 선입견의 타파에서 비롯된다.

소라는 까먹어도 한 바구니
안 까먹어도 한 바구니

"소라 껍질 까먹어도 한 바구니 안 까먹어도 한 바구니"라는 속
담이 있다. 일을 해도 일한 흔적이 없거나 겉보기에는 멀쩡해도
내용이 다를 때를 비유적으로 표현한 것이다. 또한 "소라가 똥
누러 가니 소라게 기어들었다."는 잠시 빈틈을 타서 남의 자리를
빼앗아 차지하는 짓을 말하니, 만만한 사람은 제 집을 빼앗기고
도 하소연할 곳이 없다는 뜻이다. "소 잡아먹은 터는 없어도 소
라 잡아먹은 터는 있다."고 소라 잡아먹은 데는 버린 껍질 때문
에 흔적이 남는다는 뜻이다. "소라껍질로 바닷물 되기다."라는
말은 안 된다는 것을 알면서 어리석게도 기어이 그 일을 하는 사
람을 비꼬는 말이다. 그런데 사람들이 흔히 쓰는 '소라색'이라는

말은 바다에 사는 소라고둥을 의미하는 것이 아니라 '하늘'을 뜻하는 일본어 空そら에서 비롯된 말이다. 그러므로 '소라색' 대신 '하늘색'이라 하는 것이 옳다.

소라[Batillus cornutus]의 속명 *Batillus*는 서양에서 쓰는 펑퍼짐한 냄비라는 뜻이고, 종명인 *cornutus*는 뿔이라는 뜻이다. 그러므로 소라의 학명은 둥그스름한 냄비에 뿔난 꼴을 뜻하는 것으로 소라의 형태를 꽤나 그럴듯하게 잘 묘사하고 있다. 소라는 소랏과에 드는 고둥 무리인데, 껍데기가 층층이 돌돌 말린 복족류의 일종이다. 우리나라에 사는 진짜 소라는 소라, 잔뿔소라, 납작소라, 월계관납작소라 등 모두 4종이다. 다른 이름으로 골뱅이, 뿔소라, 해라海螺, 각라角螺 등으로도 불리는데, 어릴 때는 껍질 색이 적갈색이라서 주라朱螺라고 부르기도 한다. 일본, 중국, 타이완, 홍콩 등지에 서식하며, 우리나라에는 울릉도에서 제주도까지 동해안과 남해안에 분포한다.

소라 껍데기는 지름 8센티미터, 높이 10센티미터로 우람한 편이다. 겉껍질은 보통 녹갈색이거나 암청색을 띠고, 이따금 해초 따위가 더덕더덕 붙어 있기도 하다. 전체적인 모양은 방추형에 가까우며, 성패成貝는 체층體層, 즉 껍데기 주둥이에서 한 바퀴 돌아왔을 때의 가장 큰 한 층이 거의 대부분을 차지하고, 체층 위의 나층螺層, 즉 나선 모양으로 감겨져 있는 여러 층은 7~8층이며

각 층은 구불구불 비틀어 감겨져 있다. 체층에는 10개 안팎의 길고 크고 예리한 뿔 모양의 관상 돌기가 3∼4줄 삐죽삐죽 솟아나 있으니, 이를 유극형有棘形이라 한다. 개중에는 뿔이 짧고 깡뚱한 것, 숫제 없이 매끈한 무극형無棘形도 있다. 왜 같은 종이면서 어떤 녀석은 뿔이 있고, 또 어떤 녀석은 뿔이 없을까? 바다 안쪽 파도가 약한 내해內海에 사는 녀석들에게 무극형이 더러 있고, 파도가 센 외해外海의 것들은 하나같이 유극형이니, 사방 뿔을 달고 있기에 센 파도를 만나도 뿔이 걸려 또르르 굴러가지 않게 해 주니 생존에 유리하다 하겠다.

진주 광택 발산하며 나팔처럼 쫙 벌린 소라 아가리 속에는 딱딱한 석회 성분인 똥그랗고 하얀 뚜껑이 눈알처럼 떡하니 박혀 있다. 두텁고 둥그스름한 것이 바깥쪽으로 불룩 솟았고, 가운데에는 예리한 작은 가시가 과립상顆粒狀으로 다닥다닥 돋쳐 있어서 손으로 만지면 까끌까끌하며 왼쪽으로 뱅그르르 감겨 있다. 물살에 떠밀려 가지 않기 위해 그 작은 돌기들로 바위나 돌에 딱 달라붙을 뿐만 아니라, 천적의 공격을 받으면 입을 꽉 다물어 버리니 꺼칠한 돌기가 방어에도 큰 몫을 한다. 반면 뚜껑 안쪽은 갈색으로 아주 매끈하다.

암수딴몸인 소라는 겉모양만으로는 암수를 구분하지 못하지만 꼭대기층에 들어 있는 내장의 생식소 색깔에 차이가 나니, 수놈은 황백색이고 암놈은 녹색이다. 5~8월이 산란기인데 암놈이 0.2밀리미터 크기의 녹색 알을 주르르 낳으면 수놈들이 금세 알 아차리고 가까이 다가가 정자를 뿌려 체외 수정을 한다. 애송이 는 자라면서 이미 어미 꼴을 하고, 3년 가까이 자라면 성패가 된 다. 소라가 사는 곳은 바닷가에서 멀지 않은 간조선干潮線 근방의 수심 20미터쯤의 암초이다. 이렇게 꽤나 깊은 암초에 붙어 있기 에 손쉽게 잡기 어려워 해녀가 들어가 맨손으로 따야 한다. 따라 서 소라 맛은 해녀의 손맛인 셈이다.

생선과 마찬가지로 소라도 산란기 이전, 즉 봄에서 초여름 사 이에 더 맛이 있다고 한다. 통째로 삶아 육살을 고스란히 뽑아 수 북이 썰어서 초고추장에 찍어 먹고, 양념하여 구워 먹기도 하며, 젓갈을 담그기도 한다. 그러나 뭐니 뭐니 해도 항아리 구이가 으 뜸이다. 소라를 껍데기째로 석쇠 위에 얹어서 뜸들여 구우면 지 글지글 국물을 내뱉으면서 주둥이를 열 때 양념간장을 끼얹고 푹 익었다 싶으면 살을 뽑아내서 먹는 것이다. 군침이 한가득! 소라 는 하나도 버릴 게 없다. 전복 껍데기처럼 껍데기에 진주 광택이 나고 썩 두꺼운지라 그것을 잘라서 갈고 다듬어 단추, 바둑돌, 장 롱, 상 등에 자개를 박아 입히니 나전세공의 재료다.

어라? 빈 소라 껍데기를 귀에 대 보니 '쏴아' 하고 깊은 바다의 푸른 목소리가 어김없이 들린다. 소라 껍데기가 파도 소리를 머금은 게지. 오늘따라 바다가 그리 그립다. 바다의 물결 소리가. 해불양수海不讓水요, 산불양토山不讓土라, 바다는 어떤 강물도 마다하지 않고, 산은 한 줌의 흙도 사양하지 않듯이 모름지기 모든 사람을 차별 말고 포용할지어다. 앞의 두 말이 언뜻 아버지의 지혜와 어머니의 자비를 뜻하는 부산모해父山母海를 떠오르게 하는구나. 아버지의 존재는 산과 같고, 어머니의 은혜는 바다와 같다.

오소리감투가
둘이다

시장 골목 고깃집에서 삶은 순대, 간, 허파, 염통, 돼지머리 말고
도 드물게 오소리감투가 눈에 띈다. 오소리감투는 돼지 위장을
지칭하는 것으로 육질이 쫄깃하면서 아주 구수한 맛이 난다. 그
런데 돼지 위장을 왜 하필 오소리감투라고 부르게 되었을까? 여
러 사람이 돼지를 잡아 손질할 때 그것이 자꾸 어딘가로 사라져
버리니 누가 몰래 슬쩍한 것인데, 한번 없어지면 도무지 행적을
알 수 없다는 비유로 '오소리', 서로 맛 좋은 '감투'를 차지하려
고 덤볐으니 돼지 위장이 '오소리감투'가 됐다고 한다. 믿거나 말
거나 하는 것은 독자들의 몫. 또한 돼지 위장의 겉모습이 두툼한
빵떡모자와 흡사하므로 오소리감투라는 별칭이 잘 어울린다 하

겠는데, 사실 오소리감투란 '오소리 털가죽으로 만든 벙거지'를 일컫는 말이다. 그리고 "오소리감투가 둘이다."라 하면 어떤 일을 주관하는 자가 둘이 있어 서로 다툼이 생긴 경우를 비유적으로 이르는 말이다.

오소리[*Meles meles*]는 족제빗과의 야행성 포유동물로 세계적으로 9종이 있으며, 그중에서 우리 오소리는 몸길이 60~90센티미터, 몸무게 12~18킬로그램으로 그들 중에서 가장 큰 축에 든다고 한다. 그리고 귀 끝이 희고 얼굴에 나 있는 3개의 흰 줄무늬가 특징이라 하겠다. 오소리는 후각은 예민하지만 눈이 썩 작고, 시력 또한 온전치 않으며, 청각도 사람만 못하다고 한다. 거칠기 짝이 없는 회백색 털은 끝이 가늘고 뾰족하며, 얼굴과 두개골은 좁고 긴 것이 족제비를 꼭 닮았다. 포동포동한 몸집은 원통형으로 굵고 땅딸막하며 살집이 풍성하고, 뭉뚝하고 근육성인 코로 땅을 파기도 하지만, 주로 땅딸막한 앞다리 발가락 끝에 날카로운 발톱이 있어 지딱지딱 땅굴을 잘도 판다.

지렁이, 벌, 개미, 굼벵이 같은 곤충을 주식으로 하고 쥐나 개구리도 잡아먹지만, 먹을 게 없는 늦가을이나 초봄에는 과일, 견과류, 식물 뿌리들도 먹는다. 육식성이라 송곳니가 발달했고, 먹이는 반드시 현장에서 먹어 치우지 굴에 가져가는 법이 없으며, 종종 과수원에 떨어진 발효 중인 과일을 주워 먹고 술에 취해 비틀거리는 경우도 있다고 한다. 우리나라, 중국, 일본, 러시아, 유럽 등지에 널리 분포한다.

오소리 굴은 그물처럼 복잡하게 이어져 있다. 여름 굴은 번식용이고 겨울 굴은 겨울잠을 자는 곳으로, 동면은 12~3월까지다. 후미진 곳에 자리 잡은 땅굴은 길이가 20미터 이상 되며, 겨울잠을 잘 때는 입구를 흙이나 낙엽으로 꽉 틀어막는다. 굴속에 사는 놈들이 다 그렇듯이 녀석들도 도망갈 구멍을 마련해 놓는다. 다니는 길목에 덫을 놓거나 땅바닥에 구덩이를 파고 그 위에 너스레를 친 허방다리를 놓아 잡기도 하지만, 주로 굴 입구에 생솔가지로 불을 지펴 세차게 부채질을 하면 지독하게 매운 연기에 숨막혀 밖으로 도망치는 놈을 기다렸다 막대 창으로 찔러서 잡는다. 그래서 방에 매캐한 연기가 한가득 차면 "오소리 굴 같다."고 하는 것.

오소리는 상당히 평화롭고 사회적인 동물로 먹이다툼이 치열하지 않은 여우나 너구리가 제 굴에 꼽사리 붙어도 기꺼이 함께 지낸다. 게다가 남의 똥까지 갖다 치운다고 하니, 남이 더러워서 하지 않는 일을 도맡아 하거나 남의 뒤치다꺼리까지 하는 사람을 놀림조로 "똥 진 오소리"라 이른다. 꼬리 아래 미하선尾下腺에서는 사향노루가 풍기는 크림색 지방 물질을, 항문선肛門腺에서는 악취 나는 홍갈색 액체를 분비하며, 이런 분비물을 바위이나 나무 밑동에 발라 행동권이나 텃세를 표시하고 오가는 통로 표적으로도 삼는다.

임신 기간은 270~284일이고, 세 쌍의 젖꼭지가 있으며, 한배에 4~6마리의 새끼를 낳는다. 생후 1년이면 발육이 끝나며 2년이 지나면 번식 능력이 생긴다. 한 굴에서 할아버지, 할머니부터 손자, 손녀까지 몇 세대가 함께 무리 생활을 하니 보통 어른 6마리에, 많으면 가족이 모두 23마리나 된다고 한다. 야, 엄청난 대가족이다! 거의 모든 동물이 그렇듯이 일부일처라 하지만 암놈은 여러 수놈들과 무시로 교잡하여 다양한 유전자를 받아 여러 특성을 가진 새끼를 낳는다. 눈치가 빠르면 절에 가도 젓갈을 얻어먹는다지. 오소리 또한 눈치가 빨라 늑대, 스라소니, 개 등의 포식자에 쫓기거나 위급한 상황에 처하면 금세 죽은 시늉을 하다가 기회를 엿보아 역습을 하거나 멀쩡하게 도망을 간다.

그런데 고릴라, 침팬지 등의 영장류나 오소리, 여우 같은 여러 동물에선 기막힌 생식 현상을 볼 수 있다. 꿀벌 집단에서 그렇듯 명실상부한 암놈 우두머리만이 독점하여 임신하고 층층시하, 나머지 하급 암놈들은 새끼치기를 못한다. 서열이 낮은 지지리 못난 암놈 도우미들은 대거리 한번 못하고 고분고분 우두머리의 분만과 새끼 양육 시중을 하다가 나중에 그 암놈 우두머리가 죽은 다음에라야 우두머리가 되어 새끼를 밴다. 그러나 그것도 다 사연이 있는지라, 아마도 집단의 크기를 조절하는 행위지 않나 싶다. 이렇게 아랫것들은 이빨을 사리문 암놈 우두머리의 구박과 채근, 무시무시한 스트레스성 억압 탓에 난소 크기가 암놈 우두머리의 반밖에 되지 않으며, 핏속의 성호르몬이 배란에 필요한 양의 반에도 미치지 않더라는 것. 그런데 이런 못난이 무거리 녀석들도 동아리에서 떼어 내 봤더니 곧장 배란을 하더라란다.

오소리는 생김새가 작은 곰과 비슷하여 소웅小熊, 토저土豬, 토웅土熊이라고도 불렸다고 한다. 2001년에 정식 가축으로 지정받아 약 200여 개의 오소리 농장에서 1만여 마리를 사육하고 있는데, 고가에 팔려 농가의 짭짤한 소득원이 된다고 한다. 옛날부터 오소리 엑기스는 폐 기능 개선과 위장 장애에 좋고, 오소리 기름은 상처 치료와 피부 미용에 탁월하다고 알려져 있다. 그래서 근래에는 오소리 기름 성분이 들어간 화장품까지 출시되었고, 오소리 쓸개는 웅담과 비슷한 효능이 있다고 알려져 웅담의 대체품이 되면서 높은 인기를 끌고 있다.

못된 소나무가
솔방울만 많더라

송무백열松茂柏悅이라는 말이 있다. "소나무가 무성하니 잣나무가 반긴다."라는 뜻으로 친구의 잘됨을 기뻐한다는 의미이다. 이 말에서는 소나무와 잣나무를 벗으로 비유했으나, 생물학적으로 보면 이 두 수종은 사촌뻘이 된다. 소나무에는 크게 보아 3가지, 즉 세 사촌이 있다. 소나무는 이파리가 2개씩 뭉쳐나는 것이 대부분인데, 이것이 우리나라의 재래종 소나무 육송[*Pinus densiflora*]이다. 연년세세 우리와 같이 살아온 그 소나무이다. 이와 달리 잎이 짧고 뻣뻣하여 거칠어 보이는 것이 있는데, 그 나무의 잎을 따보면 잎이 3개씩 뭉쳐 나 있다. 이 소나무는 리기다소나무[*Pinus rigida*]로 북아메리카가 원산지이며 병해충에 강하다고 하여 일부러 들여와 심은 것이다. 마지막으로 우리를 기다리는 소나무가 있으니, 이파리가 유달리 푸르러 보이고 잎이 통통하고 긴 잣나무[*Pinus koraiensis*]이다. 오형제가 한 묶음 속에 가지런히 들어 있어서 다른 말로 오엽송五葉松이라고 부른다. 소나무가 많은 만큼 그 용도도 다양하다. 우리 조상들은 솔방울은 물론이고, 마른 솔가지 삭정이와 늙어 떨어진 솔잎은 긁어다 땔감으로 썼고, 밑둥치는 잘라다 패서 주로 군불을 때는 데 썼다. 솔가리 태우는 냄새는 막 볶아 낸 커피 냄새 같다고 한다. 그뿐인가. 옹이진 관솔가지는 꺾어서 불쏘시개로 썼고, 송홧가루로는 떡을 만들었으며, 속껍질 송기松肌를 벗겨 말려 가루 내어 떡이나 밥을 지었고, 송진을 껌 대신 씹었다. 무덤을 지키는 나무 또한 소나무가 아닌가. 죽은 시체는 또 어디에 누워 있는가. 소나무 널빤지로 만든 관이 저승집이다. 바람 소리 스산한 무덤가의 솔잎 흔들림에 근심 걱정을 푸는 해우解憂의 집이다. 늘 푸름을 자랑하는 만취晩翠의 소나무에는 영양소와 함께 우리의 넋이 들어 있고, 조상의 혼백이 스며 있다. 그러면서 소나무는 우리에게 절개를 지키라고 가르치고 있다. 이처럼 인간과 깊은 인연을 맺고 있는 소나무에 대해 어떤 이는 다음과 같이 말하지 않았던가? "금줄의 솔가지 잎에서 시작하여 소나무 관 속에 누워 솔밭에 묻히니, 은은한 솔바람이 무덤 속의 한을 달래 준다."

이 글은 「사람과 소나무」란 제목의 글로, 중학교 2학년 1학기 국어 교과서에 8년간 실렸던 필자의 글인데, 학명 등을 넣고 조금 고쳐서 써 보았다.

"겨울 화롯불은 어머니보다 낫다." 했다. 겨울이면 하루도 거르지 않고 소나무 바람 소리 웅웅거리는 뒷산에 올라, 삭정이는 물론이고 대나무 갈퀴로 솔가리 빡빡 긁어 한 짐씩 해다 날라 그것으로 군불을 때었으니 아슴아슴한 옛일이다. 영원한 것은 없는 법! 그래 상록수인 소나무도 잎을 떨어뜨릴까? 늦가을 산에 들면 마침내 초록빛을 잃어 누렇게 물든 조락한 솔잎들이 가득 붙어 있다. 그런데 가을이 오면 활엽수들은 그해 봄에 만들어진 잎들이 이내 떨어지는데, 소나무 같은 침엽수는 올해 것과 지난해 것은 그대로 있고 지지난해 것이 떨어진다. 뭉쳐난 소나무의 침엽을 일일이 더해 표면적을 계산하면 활엽 하나의 면적에 못지않으니, 여우비 오는 날에 소나무 밑이 상수리나무 아래보다 비를 덜 맞는다.

추석이 되면 올벼를 심은 논인 오려논에서 풋바심한 쌀로 오려 송편을 빚는다. 송편을 찔 때는 왜 밑에 솔잎을 까는 걸까? 송편은 솔잎과 함께 찌기 때문에 송병松餅, 송엽병松葉餅이라고도 하는데, 솔의 향 때문에 쓰는 게 아니고, 솔잎에 든 파이토알렉신phytoalexin이라는 항생 물질이 송편이 상하는 것을 막아 주기 때문에 쓰는 것이다. 이 얼마나 지혜롭고 과학적인 떡이란 말인가. 온고이지신溫故而知新이다. 옛날 사람이라 깔보지 말라. 늘 말하지만 우리 조상들의 슬기로운 과학성은 알아줘야 한다. 그리고 소나무도 다치면 피를 흘린다. 무수한 세월이 지나면 호박琥珀이 되는 송진이 굳어 상처 부위를 틀어막을 뿐 아니라 항생제 성분도 분비하여 나무가 썩는 것을 예방한다.

"거목 밑에 잔솔 못 자란다."는 말은 "잘나가는 아버지 좋은 자식 두기 글렀다."는 것과 통하는 말로, 실제로 소나무 뿌리가 애솔은 물론이고 딴 식물을 못 자라게 하는 갈로타닌gallotannin이란 물질을 분비한다. 그리고 그늘에서는 싹이 트지 않으니 어미 나무를 자르고 나면 센 빛을 받아 여기저기서 무럭무럭 싹이 돋는 것을 볼 수 있다. 이렇든 저렇든 늙은 나무는 의연하고 넉넉한 품새를 풍기는데 어이하여 사람은 늙을수록 추레한 몰골을 하는 것일까? 소나무는 암수한그루요, 양성화로 한 나무에 암꽃과 수꽃이 따로 핀다. 암꽃은 줄기의 제일 꼭대기에 달리며, 바로 아래에 많은 수꽃이 붙어 거기에서 꽃가루를 만드니 그것이 노란 꽃가루 송화松花다. 우듬지에 적자색의 동그란 젖꼭지만 한 암꽃이 그해 봄에 열리고, 한 마디 아래에 있는 덜 익은 풋 열매가 작년 것이며, 그 아랫마디에 비늘잎을 쩍 벌리고 있는 마른 송실松實이 재작년에 열린 것이다. 고로 한 가지에 삼대의 솔방울이 줄줄이 달렸더라!

"못된 소나무에 솔방울만 많다."고 푸서리에 자란 소나무들은 솔방울을 주체할 수 없이 잔뜩 매달고 있다. 어쩐지 꼬락서니가 좀 추레한 것이 너저분하다 싶었더니 생육 조건이 좋지 않아 머잖아 끝내 삶을 마감해야 하는 터라 서둘러 새끼를 봐야 하기에 그 많은 솔방울을 매달고 있는 것이다. 솔방울은 껍데기가 축축해질 경우, 바깥층의 물질이 안쪽 물질보다 빠르게 물을 흡수해 부풀어 오르기 때문에 솔방울이 닫히고, 건조해지면 바깥층의 물질에서 수분이 빨리 빠져나가면서 구부러지기 때문에 솔방울이 열리게 된다. 따라서 건조한 시기에는 솔방울이 열려 씨앗이 튀어나와 바람에 실려 멀리 퍼져 나가게 된다. 이처럼 솔방울 껍데기의 두 물질이 서로 다른 속도로 온도나 습도에 반응하는 특성을 '솔방울 효과Pine cone Effect' 라 한다. 깨끗이 씻어 물에 좀 오래 담근 솔방울을 한 바구니 방에 놓아두면 머금었던 물기를 뿜어 천연 가습기가 된다. 이러한 솔방울의 특성을 역으로 이용하여 몸에 땀이 차면 미세 비늘이 열려 습기가 나가고, 건조하면 닫히는 겉옷도 만들었다고 한다.

평생 처음으로 솔방울의 잔 비늘 조각을 낱낱이 헤아려 봤다. 작은 것은 93개, 큰 것은 115개로 평균하여 100여 개라 할 수 있다! 저걸 헤아려 봐야지, 봐야지 했는데 늦게나마 세고 나니 체기가 싹 내려가는 기분이다. 비늘 사이에 솔 씨(솔방울 하나에 10여 개 듦)가 들었으니 바람이라도 부는 날이면 씨의 3~4배 되는 얇은 막 날개가 팔랑개비처럼 팔랑팔랑, 뱅글뱅글 돌면서 모수母樹에서 멀리멀리 날아가며, 대부분 산새들의 먹이가 되지만 나머지는 애솔이 되기도 한다.

산등성이 산책길에 앙상하게 맨살을 드러낸 소나무 발등을 밟으며 생각한다. '소나무야, 이 엄동설한에 너 발 시리겠다.'하고 위로하며 하루도 빠짐없이 걷노라. '세한송백歲寒松柏'이라, 날이 차가워진 뒤에라야 송백의 꿋꿋함을 안다고, 난세亂世가 되어야 훌륭한 사람이 뚜렷이 보이는 법! 나라 나무 그대여, 영세永世하라! 우리 소나무 만세!

진화는 혁명이다!

갈라파고스 증후군Galápagos syndrome은 갈라파고스 화化 또는 잘라파고스Jalápagos=Japan+Galápagos라고도 하는데, 폐쇄주의 또는 고립주의를 뜻한다. 이해하기 쉬운 말로는 '우물 안 개구리'에 비유될 성싶다. 잘라파고스란 1990년대 이후 일본 IT산업이 고집스럽게 독자적인 규격을 사용하면서 세계 최고라는 자만심으로 세계의 흐름을 외면한 채 내수시장에만 안주, 주력하다가 결국 세계 시장으로부터 고립된 현상을 비아냥거린 말이다. 그 결과 그렇게 내로라하던 소니가 삼성에 뒤처진 것도 그 탓이란 설명이다. 육지로부터 멀리 격리되어 독자적으로 진화한 고유한 종들이 서식하는 특유의 생태계가 형성되었으나 육지와의 빈번

한 교류로 외부 종이 유입되자 면역력이 약한 고유종固有種들이 깡그리 멸종되거나 멸종의 위기를 맞은 갈라파고스 제도의 상황에 빗대어 이 용어가 만들어졌다 한다. 최근에는 세계 시장의 흐름에 발맞추지 못한 우리나라의 몇몇 산업과 미국 자동차 산업도 '같은 배'를 탔다고 한다.

그렇다면 갈라파고스 없이는 다윈을 논할 수 없다고 하는 이 섬을 한번 들여다보자. 찰스 다윈Charles Darwin이 "종이 변한다는 확신을 심어 준 갈라파고스 섬Galapagos Island의 동식물은 원래 남미 대륙의 것과 같은 조상이었으나 다른 환경에 적응하여 변한 것이며, 살아 있는 생물은 결코 하느님이 만든 것이 아니라는 것은 불변의 진리다."라고 주장하게 한 결정적 동기를 부여한 섬이 바로 갈라파고스다.

갈라파고스는 적도에 자리 잡은 남미 에콰도르에서 1000킬로미터 떨어져 있는 태평양의 19개의 작은 섬들로, 그중에서 가장 큰 섬인 이사벨라Isabela가 전체 군도群島의 거의 반을 차지한다. 갈라파고스 제도에는 고등 식물만 700여 종이 있고, 그중 40퍼센트가 거기에만 자생하는 특산종特産種 또는 고유종이라 할 정도로 종이 꽤나 많은 편이다. 반면에 동물 가운데 양서류는 없고, 파충류는 3~4종, 포유류는 7종의 설치류와 2종의 박쥐가 서식할 뿐이다. 그러나 조류는 꽤 많아서 80여 종이 서식하고 있다.

갈라파고스란 이름은 스페인어로 '땅에 사는 큰 거북'이라는 뜻이다. 1968년에 국립공원이 되었고, '다윈 생물 연구소'까지 들어섰다. 대부분의 섬은 지금껏 사람 손을 타지 않고 그대로 있으나 큰 섬에는 관광객이 들어오고, 농업과 목축업을 하는 에콰도르 사람 몇몇이 상주한다고 한다. 그러나 철저하게 동식물 보호를 하고 있어서 종 보존에는 큰 문제가 없다고 하는데, 제발 새빨간 거짓말이 되지 않았으면 하는 바람이다. 300여 년간 주인 없는 땅으로 팽개쳐져 17세기에 해적들의 소굴이 되었을 때나 19세기에 고래나 물개를 잡는 기지로 쓰였던 때를 생각하면 지금의 갈라파고스는 후한 대접을 받고 있다 하겠다.

1831년 12월 27일, 영국의 데본포트Devonport를 떠나는 비글Beagle호에는 23살의 청년 다윈이 타고 있었고, 그 배는 길이가 27미터에 지나지 않는 작은 돛단배였다. 1836년 10월 2일에 영국으로 다시 돌아왔으니 물어보나 마나 5년간을 항해하면서 탐사, 채집하는 데 갖은 고생이 따랐을 터. 1835년 12월 중순경에 비글호는 갈라파고스 섬에 도착하여 5주 동안 머물렀다고 한다. 다윈은 4년이라는 긴긴 탐사 후에 화산섬인 이곳에 도착하여, 여러 생물들을 보고, 생물은 틀림없이 진화한다는 확신을 갖게 되었다. 특히 덩치 큰 거북, 이구아나, 핀치 새들은 그의 신념을 굳히는 데 전환점이 되었다. 그중에서도 '다윈의 새Darwin's bird'라고 불리는 핀치 새는 다윈의 믿음과 주장에 크게 영향을 미쳤으니, 귀국 후 박제된 핀치 새들을 쭉 늘어놓고 보니 조금씩 다른 것을 발견한 것이다. 특히 부리의 모양과 크기에 따라 분류해 봤더니 간단히 13종으로 나눠져, 원래는 같은 종이었으나 서식처와 먹이에 따라 부리도 변하면서 종이 분화한 것임을 확신하게 되었다. 긴긴 세월 그렇게 바뀜으로써 그 13종의 핀치 새는 서로 교배가 일어나지 않는 새로운 신종新種으로 진화한 것이다. 그리하여 '적응과 변화'가 다윈의 '자연선택설自然選擇說'의 근간이 되었으며, 적응과 변화란 말은 결코 기독교적인 말이 될 수가 없다.

다윈은 귀국 후 20여 년간의 긴긴 준비 끝에 1859년에 『종의 기원The Origin of Species』이란 책을 세상에 내놓았다. 인류의 사상에 혁명을 가져온 역사적 사건이라 할 수 있다. 인간의 모든 사고방식과 지적 영역에 변화를 가져온 이 책은 이렇게 해서 만들어진 것. 무엇보다 다윈이 그 시대에 하느님이 만든 것은 어느 것도 바뀌지 않는 것이라는 종교적 창조설에 도전하는 진화설을 저토록 믿었다는 것은 보통 사람으로서는 엄두도 내지 못할 혁명적 사고였다는 것을 인식하고 이 글을 읽으면 좋겠다.

생물은 모두 변이가 나타나서 다음 대代로 면면이 전해진다. 그리고 생존 가능한 개체보다 더 많은 후손을 남기는데, 이 때문에 치열한 생존 경쟁이 일어난다. 그리하여 적자생존의 자연 선택이 일어나게 되고 강한 변이 종만 고스란히 살아남는데, 이때 환경 변화에 잘 적응한 신종이 생긴다. 결론은 신종의 생성이요, 그것이 곧 진화다. 이렇게 종은 영원한 것이 아니라 쉼 없이 변한 다는 것! 생물학에서 다윈을 빼면 소 없는 만두요, 찐빵이다. 진 화란 다름 아닌 바뀜, 변화이며, 바뀌지 않으면 도태되는 법이다. 바뀜, 변화, 진화는 모두 한통속인 것. 아주 달라야 살고 똑같으 면 죽는다. 어쨌거나 진화는 혁명이다! Evolution is Revolution!

등용문을 오른
잉어

아뿔싸! 이놈들이 천년만년을 어우렁더우렁 무람없이 함께 살아
양태樣態가 그렇게도 같아 보이는 것일까? 뜬금없이 무슨 소리냐
고? 잉어[*Cyprinus carpio*]와 붕어[*Carassius auratus*] 말이다. 사실 잉어
와 붕어는 겉모습이 너무 닮아서 언뜻 보아 보통 사람은 구별하
지 못한다. 솔직히 필자의 눈에도 붕어가 잉어요, 잉어가 붕어로
보인다. 어린아이들의 눈에는 물에 살면 모두 물고기이듯이, 아
무리 요모조모가 같고 다르다고 설명을 해도 난해하긴 마찬가지
다. 그러나 잉어와 붕어는 서로 유사하지만 다른 점이 더 많기에
우리말 이름뿐만 아니라 학명도 다르다. 서로 다른 속의 다른 종
으로 분류하는 것이다. 한마디로 외모는 빼닮았으나 속은 영판

다른 피를 가졌다는 뜻으로, 부부가 서로 닮는 것처럼 비슷한 환경에서 오래오래 함께 지낸 탓이리라.

마음을 가지고 알아보려고 들면 이야기가 달라지니 끊임없이 재우쳐 마음 밭을 갈고닦아야 한다. 심부재언心不在焉이면 시이불견視而不見하고 청이불문聽而不聞하며, 식이부지기미食而不知其味라. 마음에 없으면 보아도 보이질 않고 들어도 들리지 않으며, 먹어도 그 맛을 모른다고 했겠다. 그래서 늘 심안心眼으로 보고 심이心耳로 듣는 집념의 태도가 필요하고, 그런 자세 없이는 성공도 저 멀리에 있게 마련이다. 물고기에 유별난 관심을 두지 않는 필자이긴 하지만 그놈들의 이름이나 특성까지 바싹 꿰어 보겠다고 갖은 애를 썼다. 뜻해야 이룬다고 하지 않던가.

잉어는 잉어목 잉엇과의 민물고기로 보통은 몸길이가 50센티미터 정도이지만 큰 것은 120센티미터에 달하며, 동남아시아가 원산지이나 지금은 세계적으로 분포한다. 몸은 좌우 양쪽에서 눌려져 납작한 편이며, 보통 몸색깔은 황갈색이지만 등은 진하고 배 쪽은 은백색이다. 그러나 일반적으로 그렇다는 것일 뿐 서식 환경에 따라 몸색깔은 다양해진다. 머리가 원뿔형에 주둥이는 둥글며, 붕어와 생김새가 유사하나 입 가장자리에 채수염이 두 쌍 드리워져 있어 수염이 숫제 없는 붕어와 구별된다. 눈은 작은 편이고 아래턱이 위턱보다 조금 짧으며, 둥글고 큰 비늘은 옆줄을 따라서 기왓장 모양으로 몸을 덮고 있다.

주로 먹이를 찾기 위하여 개흙바닥을 들쑤시고 파내는 습성이 있어 환경을 어지럽히고, 가는 곳마다 속절없이 꺼드럭거리고 판을 쳐 다른 물고기를 못살게 굴기에 세계 100대 말썽꾸러기 침입종으로 분류되어 있다고 한다. 주로 강의 중하류 구역이나 물살이 약해 소(沼)를 이루는 곳에 살고, 호수나 큰 저수지에서도 산다. 잉어는 부화 직후에는 동물성 플랑크톤을 먹고 자라지만 커가면서 잡식성으로 변해 고둥이나 새우, 작은 물고기나 물고기 알, 수서 곤충, 미생물이나 물풀 등을 닥치는 대로 먹는다. 겨울철 수온이 낮을 때에는 다른 냉혈 동물과 마찬가지로 바닥으로 내려가 동면하면서 먹이를 먹지 않는다. 그러나 수온이 올라간 5~6월경 아침결에 약 30만 개의 알을 물풀 줄기나 잎에 하나하나 붙이며, 수정된 알은 10일을 전후로 부화한다. 그런데 이렇게 수많은 알을 낳지만 집단 개체 수에 큰 변화가 없는 것은 알은 물론이고 치어도 다른 동물들에 거의 다 잡아먹히기 때문이다.

기세가 한풀 꺾여 형편없이 되었을 때 "찐 붕어가 되었다."고 한다지. 잉어도 붕어와 함께 예부터 식용이나 약용, 관상용으로 썼으며, 특히 보양식으로 잘 알려져 있다. 살피듬 좋은 놈으로 찜이나 어죽, 칼칼한 탕을 끓였으며, 밤과 대추를 넣어 달인 국물을 먹기도 한다. 또한 일본에서 금리錦鯉라 부르는 비단잉어를 개발

한 것은 유명한 일이다. 보통 잉어의 돌연변이종 중에서 빛깔, 무
늬, 광택 등이 뛰어난 형질을 골라 키운 관상용 품종으로 수많은
종류가 있으며, 우리나라도 늦게나마 품종 개량에 힘써 좋은 결
과를 얻어 많이 수출하고 있다 한다. 이렇게 잉어에 비단잉어가
있다면 붕어엔 금붕어가 있다.

요컨대 붕어와 잉어를 아주 간단하게 구별하자면, 위에서 말
했듯이 붕어는 입가에 수염이 없는 반면에, 잉어는 양반이라 턱
에 2쌍의 수염이 있다. 붕어가 몸이 작달막하고 통통하다면 잉어
는 길쭉하고 비늘이 희뿌옇게 번쩍인다. 붕어나 잉어는 3급수의
구정물에 사는데, 어떤 물고기가 주로 사는가를 보면 그곳의 물
의 오염도를 가늠할 수 있으니 물고기는 혼탁과 오염의 정도를
알려주는 지표가 된다. 또한 붕어가 사는 곳에는 잉어가 살고 있
으니, 이를 공서共棲한다고 한다. 아무튼 그래서 이들 붕어와 잉
어 사이에서 종간 잡종種間雜種이 생기니, 그렇게 해서 나온 붕잉
어(또는 잉붕어)는 수염이 딱 한 쌍이 있어서 어미와 아비를 반반씩
빼어 닮는다. 사람으로 치면 일종의 혼혈아인 셈이다. 잡종 제1
대가 양친보다 형태, 내성, 다산성 따위에서 뛰어난 현상을 잡종
강세雜種强勢라 하니 미국 대통령 버락 오바마나 골프 왕 타이거
우즈가 대표적 예라 하겠다.

옛날부터 잉어 꿈은 수태를 알리는 길몽이라고 했다. 또한 잉

어를 고려 시대에 왕족을 이르던 말인 용종龍種으로 봤을 뿐만 아니라 입신양명을 상징하는 것으로도 보았다. 그래서 용이 되어 하늘로 올라가는 문, 즉 출세의 관문이란 뜻으로 '등용문登龍門'이란 말을 많이 쓴다. 고사에 따르면, 중국 황하강 상류에 용문龍門이라는 계곡이 있는데, 그 근처에 물살이 거센 폭포가 있어 그 밑으로 잉어들이 수없이 모였으나 오르지 못하여 '어변성룡魚變成龍'이라고, 만일 오르기만 하면 용이 된다고 하였다. 한편 남이 하는 짓을 덩달아 흉내 내어 웃음거리가 될 때 "잉어가 뛰니까 망둥이도 뛴

다." 하고, 큰 결과를 바라고 한 일이 보잘것없는 성과밖에 얻지 못할 때 "잉어 낚시에 속절없는 송사리 걸린 셈"이라 하며, 적은 밑천으로 큰 이득을 얻으려는 경우를 "보리밥알로 잉어 낚는다." 한다. 또 "얼음 구멍에서 잉어 낚는다."란 말은 겨울철 얼음 구멍에서 잉어를 낚듯이 매우 귀중한 것을 얻었다는 뜻이며, 효자가 하늘의 도움으로 겨울에 잉어를 구하여 병든 어머니를 공양했다는 전설도 있음은 다들 잘 알 것이다.

이 맹꽁이 같은 녀석

'멍텅구리'란 별명을 가진 맹꽁이[*Kaloula borealis*]는 꼬리가 없는 무미목無尾目 맹꽁잇과의 양서류로, 구멍을 판다는 뜻의 종명 *borealis*처럼 땅을 사부작사부작 파고드는 성질이 있어서 영어로는 digging frog라 하며, 우리말에 '쟁기발개구리'라는 멋진 별명도 있다. 알다시피 모든 양서류는 앞다리에 발가락이 4개, 뒷다리엔 5개가 있고, 꼬리가 있는 도롱뇽 무리인 유미류有尾類와 개구리, 두꺼비, 맹꽁이처럼 꼬리가 없는 무미류無尾類로 대별한다. 그런데 맹꽁이는 개구릿과도 두꺼빗과도 아닌 맹꽁잇과로 따로 나뉘며, 때문에 개구리, 두꺼비와 특징이 꽤나 다르다. 한데 비오는 날 밤 암놈을 부르는 '맹꽁' 하는 수놈의 소리는 한 마리가 내는 소리가 아니라, 이놈이 '맹' 하고 울면 저놈이 '꽁' 하고 우는 소리가 합쳐져 '맹꽁맹꽁' 하여 '맹꽁이'라 이름이 붙었다고 한다.

보잘것없는 풍모를 한 맹꽁이의 별명은 멍텅구리 말고도 바보, 맹물, 맹추 등인데, 사람도 그렇지만 이렇게 별칭이 많으면 유명하다는 뜻이다. "누가 저런 맹꽁이하고 친구를 하겠어."라고 한다면 말이나 행동이 어수룩하고 야무지지 못하며 답답한 사람을 놀림조로 이르는 것이다. 그래도 예사 맹꽁이가 아니라 뒤집어 놓으면 처음에는 죽은 양 엄살을 부리다가도 발짝거리며 다리를 뻗대다가 어느새 가뿐히 후딱 몸을 뒤집는다. 옛날부터 불려온 여러 종류의 「맹꽁이 타령」이 있고, 한때 많이 불렸던 「맹꽁이와 삽살개」란 노래가 있으니, 이는 맹꽁이가 우리와 참 가까웠고 깊게 관심을 가졌던 친숙한 동물이었음을 뜻하는 것이리라.

맹꽁이는 몸이 둥그스름하면서 몸길이 5센티미터 정도로 작은 편이며, 몸색깔은 흐린 갈색이거나 녹회색이면서 잔등에는 푸른색 또는 검은색의 얼룩덜룩한 반점이 흩어져 있다. 동공은 검은 타원형이고, 홍채는 검은색이다. 주둥이는 짧고 좁으며 끝이 약간 둔하면서 뾰족하다. 몸이 빵빵하고 땅딸막한 것이 꽤나 두꺼비를 닮았다. 키가 작달막하고 몸이 풍풍한 사람이 옷을 잔뜩 입은 모양을 비꼬아 "맹꽁이 결박한 것 같다."고도 한다. 머리는 짧으면서 동그랗고, 등은 반들반들하면서 매끄러우며, 음식을 먹다가 볼을 깨물어 생긴 스리 같은 작은 융기隆起들이 산재한다. 뒷다리가 앞다리보다 2배나 길기 때문에 사부랑삽작 뛰기도 하고, 뒷다리 발가락 사이에 물갈퀴가 없으며, 발가락 끝이 약간 팽대되어 있다. 보통 개구리는 뒷다리에 물갈퀴가 있지만 나무에 사는 청개구리는 수영할 일이 없어짐에 따라 물갈퀴가 퇴화해 없어져 버렸다. 대신 나뭇잎이나 줄기에 잘 달라붙게 발가락 끝에 넓적한 패드가 생긴 것이나 크게 다르지 않다.

맹꽁이는 암수에 크기의 차이는 없지만, 수놈은 암놈과 달리 아래턱 앞쪽 끝에 울음주머니가 있어 날이 흐리거나 비가 올 때 '맹꽁맹꽁' 하고 요란하게 울어 댄다. 다른 개구리와 달리 번식기에 수놈 엄지발가락에 암놈을 껴안는 데 편리한 혼인육지가 생기지 않는다. 매우 시끄럽게 떠들던 것이 갑자기 조용하게 됨을 "맹꽁이 통에 돌 들이친다."라고 하니, 포식자가 나타나거나 사람이 만지면 고슴도치처럼 몸을 웅크리면서 복어처럼 몸을 한껏 부풀린다. 천적은 주로 새들이다. 본종은 우리나라에 1아과 1속 1종밖에 살지 않는 아주 귀하신 몸이며, 특히 우리나라, 북한, 중국에만 분포하는 한정된 지역 종이다.

주로 인가 근처의 논, 야산의 편평한 곳, 길가의 논둑, 물길이나 웅덩이에 살면서 날이 흐리거나 비가 올 때만 덩달아 울어 댄다. 개구리처럼 맹꽁이도 겨울잠을 자는데 9월에서 이듬해 3월까지 겨울잠을 자다 잠깐 깨어나고, 다시 땅으로 들어가 봄잠을 자다가 장마철에야 깨어 나온다. 또한 연중 낮에는 굴속에 숨어 있다가 밤에만 잠깐 나와 개미, 모기, 거미, 지렁이, 하루살이 등을 잡아먹는 포식 활동을 하는 습성 탓에, 산란기 빼고는 울음소리를 들을 수 없고 코빼기도 보지 못한다. 개구리가 주로 장마철에 울듯이 맹꽁이도 그러해서 "맹꽁이가 처마 밑에 들면 장마진다.", "장마통에 맹꽁이 울음소리"라는 표현도 있고, 끝없이 계속될 것 같은 일도 결국은 끝날 때가 있음을 빗대어 "오뉴월 맹꽁이도 울다가 그친다."라고 한다. 장마철이 되면 맹꽁이 수놈 역시 다른 개구리와 마찬가지로 울음소리로 암놈을 유인하고, 눈코 뜰 새 없이 짝짓기를 한 후 알을 낳는다. 1밀리미터 크기의 작은 알을 15~20개씩 덩어리로 묶어 낳으며, 알은 1~2일 후에 올챙이가 되고, 12~15일 만에 서둘러 탈바꿈(변태)하여 별안간 어른 맹꽁이가 된다. 바쁘다 바빠! 그도 그럴 것이 맹꽁이는 장마철에 움푹 파인 웅덩이의 괸 물에 산란하므로 다른 개구리 무리에 비해 탈바꿈 속도가 턱없이 빠르지 않으면, 장마철 웅덩이가 자작자작 말라 버려 올챙이가 맹꽁이가 되지 못하고 희생되고 말기 때문이다.

우리나라에서는 주로 추자도, 제주도, 전라도, 경상도 일부에

서식한다. 도시화로 서식지를 잃은 데다가 농약이나 제초제 등 여러 공해 물질들이 원인이 되어 이미 환경부 지정 멸종 위기 2급으로 지정되었다고 한다. 늘 기탄없이 하는 말이지만 참 안타깝고 아쉽고 애달프다. 한마디로 많이 아프다! 초미지급焦眉之急, 눈썹에 불이 붙었으니 얼마나 급한 일인가. 서둘러 저것들을 살려 낼지어다. '부천, 부평 굴포천掘浦川 살리기 모임' 같은 시민운동 덕분에 멸종 위기에 처한 굴포천 맹꽁이가 되살아나 살판났다고 하지 않는가. 폐일언하고, 이리도 기쁠 수가 없다. 아무렴 이제 눈을 뜰 때도 됐지.

그래, 인마! 맹꽁이야! 네 놈이 살지 못하는 세상 이 강퍅한 늙은이 나도 못산다. 너 죽고 나 살자가 아니라 너 살고 나도 살자. 명념銘念하자꾸나. 맹꽁이같이 아둔한 사람은 당해 봐야 그제야 알고, 현명한 사람은 미리 알아차린다고 했다.

도토리 키 재기,
개밥에 도토리

'진짜 좋은 나무'라거나 '정말 실하고 알찬 나무'란 뜻의 참眞나무는 장작이나 숯을 굽는 데 썼고, 그 열매인 도토리는 구황 식품이었다. 참나뭇과의 참나무속에는 아주 좁게 보아, 참나무 육형제가 있으니, 내려오는 말로 나무껍질에 깊은 골이 파여 있어 '골 참나무'라 부르던 굴참나무, 참나무 중에서 잎이 가장 작아 '졸병 참나무'라 부른 졸참나무, 가을이 되어도 잎이 나무에 오래 달려 있어 '가을 참나무'라 부르던 갈참나무, 옛날에 나무꾼이 숲속에서 짚신 바닥이 헤지면 그 잎을 짚신 바닥에 깔아 신었다고 신갈나무, 너부죽한 잎사귀로 떡을 싸 놓으면 떡이 상하지 않고 오래간다고 하는 떡갈나무가 있고, 6번째로 상수리나무에 얽힌 흥미진진한 이야기는 좀 길지만 소개하겠다.

1592년 임진왜란 때 선조 임금이 북으로 피신하였는데, 먹을 게 없었으나 음식 타박할 처지가 못 되었다. 하루는 수라상에 도토리묵이 올랐는데, 임금은 처음 먹어 보는 음식이지만 시장이 반찬이라고, "거참, 부드럽고 고소한 것이 별미로다." 하면서 전란 중에 도토리묵을 자주 찾았다고 한다. 전쟁이 끝나고 궁궐에 돌아온 뒤에도 도토리묵을 즐겨 드셨으니, 이렇게 임금님 밥상에 자주 오른다고 하여 '상술'이라 불렸고, 이 말이 나중에 '상수리'가 되어 상수리나무로 불리게 되었다고 한다. 상수리나무뿐만 아니라 앞의 참나무속 나무들 모두 아주 그럴듯한 해석이다.

참나무 둥치는 매우 단단하다. 그래서 "참나무에 곁낫걸이"란 단단한 참나무에다 대고 낫을 옆쪽으로 내리치는 곁낫질을 한다는 뜻으로, 도저히 당해 낼 수 없는 대상한테 멋도 모르고 주제넘게 덤벼듦을 이른다. 그리고 굴참나무 줄기 겉껍질은 굉장히 두꺼운 코르크가 덮고 있으니, 옛날에 강원도 등지의 두메산골에선 그 껍질을 벗겨서 너와집 지붕을 이었고, 요즘에는 코르크 병마개를 만든다. 그런데 참나무 무리는 남다르게 종간 잡종이 흔하게 생기니 이를 양원 잡종兩原雜種이라 한다. '떡갈참나무'는 떡갈나무와 갈참나무의 잡종이요, '떡신갈나무'는 떡갈나무와 신갈나무의 잡종인데, 튼튼한 목재를 얻기 위해 일부러 교배시키기도 한다.

그런데 길섶을 지나다 보면 새로운 사실 하나를 발견한다. 다른 활엽수들은 죄다 잎을 떨어뜨려 버렸는데 어째서 밤나무와 참나무 무리는 얄망궂게도 늦가을부터 초봄까지 보잘것없는 조락凋落한 잎을 꾸준히 달고 있담? 왜 잎이 깔끔하게 떨어지지 않고 달라붙어 있는 것일까? 그들 나무의 잎 하나를 따 보면 잎자루 아래의 끝이 둥글넓적하여 여린 겨울눈 하나를 감싸 덮고 있다. 이른 봄에 움틀 동생 싹눈을 보살피고 보호하느라 늙은 형이 그렇게 눌러 붙어 있었던 것이다. 그렇구나! 형만 한 아우 없다더니만.

참나무속은 잎이 넓고 높은 나무로 잎은 어긋나며, 꽃은 대부분 단성화單性花이면서 암수한그루이다. 잎눈이 돋나 싶으면 이미 꽃눈이 벌어져 있으니, 벌레를 닮은 가느스름한 수꽃 이삭은 새 가지 아래에 나서 아래로 길게 드리워져 있고, 암꽃 이삭은 윗부분의 잎겨드랑이에 곧추선다. 열매가 익는 데 상수리나무와 굴참나무는 2년이 걸리고, 나머지 것들은 그해 가을에 여문다. 앞의 둘은 봄에 꽃가루받이(수분)를 한 후 가을이 되면 여태 도토리 꼴도 못한 어린 눈 형태의 꼬마 열매가 되어 잎겨드랑이에 숨은 듯 붙으며, 어린 받침인 총포總苞에 둘러싸여 얼지 않고 월동을 한다. 이듬해 봄에 이 작은 도토리가 무럭무럭 자라고, 총포가 커져 깍정이가 되면서 가을 도토리가 된다. 깍정이란 도토리 밑자락을 떠받치고 있는 술잔 모양의 받침을 뜻한다. 소꿉장난을 할 때 밥그릇으로 썼던 그것 말이다.

도토리는 다 아는 것처럼 참나무 열매를 일컫는다. 참나무에 열리는 도토리 모양은 나무마다 달라 "그 나무에 그 도토리"이다. "도토리 키 재기"란 말은 고만고만한 사람끼리 서로 다투는 것을 이르는 속담으로, "난쟁이끼리 키 자랑하기"라는 속담과 같

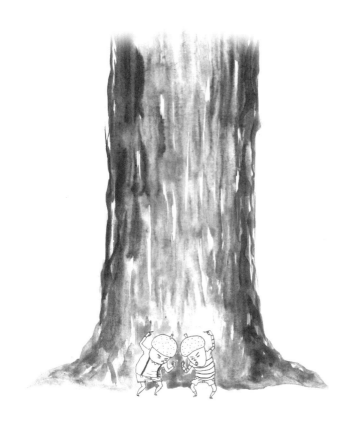

은 뜻인데, 실은 도토리를 보면 큰 것, 작은 것, 길쭉한 것, 도톰한 것 등 모양과 크기가 달라 키 재기를 할 만도 하다. 분별력 있는 식물 분류학자들은 도토리만 보고도 참나무의 이름을 댈 수 있다고 하니 말이다.

필자가 어릴 때만 해도 도토리묵은 소나무 속껍데기를 벗겨 말린 송기松肌와 함께 없어서는 안 되는 구황 식품이었다. 초근목피로 죽음 고개나 다름없었던 보릿고개를 넘어야 했으니 말이다. 생각조차 하기 싫은, 그야말로 똥구멍이 찢어지도록 가난했던 배 곯은 어린 시절이었지. 이제는 건강식품이라 하여 별미로 치는데, 나름대로 반드레한 태깔에 야들야들 보드랍고 수더분한 맛이 일품이다. 또한 참나무는 재목이 단단하여 술통과 연장 자루로 많이 만들어 쓰고, 참나무를 구워 만드는 참숯은 연기가 적고 화력도 최고로 세다.

"가을에 떨어지는 도토리는 먼저 먹는 것이 임자다."란 임자 없는 물건은 누구든 먼저 차지하는 사람의 것이 된다는 말이다. 한톨 한톨 허리가 휘게 주운 도토리를 말려 껍데기를 까서 절구통에 넣어 빻은 다음 4~5일간 물에 담가 떫은 타닌tannin을 우려낸다. 그런 다음 웃물을 따라 버리고 바닥에 가라앉은 것을 솥에 넣고 잘 저으면서 졸인다. 이윽고 도토리 녹말이 끈적끈적 엉기면 이것을 묵 틀에 붓고, 다 식을 때까지 기다렸다가 알맞은 크기로 자르면 도토리묵이 완성된다. 사발에 담긴 묵처럼 형편없이 깨지고 뭉개진 상태를 "묵사발이 됐다."고 하던가? 도토리 중에 제일 조그만 졸참나무 도토리묵이 제일 맛나다고 한다.

"의가 좋으면 세 어이딸이 도토리 한 알을 먹어도 시장 멈춤은 한다."고 살뜰히 사이좋은 어머니와 딸(어이딸)들은 아무리 어려운 상황에서도 별 불평 없이 도우며 잘 지낸다. 아무렴, 그렇고말고. 상부상조해야지. "개밥에 도토리"라고, 개가 먹지 않고 남기는 도토리처럼 따돌림을 하거나 당해서야 어디 쓰겠나. 아무튼 우리나라의 토질과 기후는 참나무 중에서도 신갈나무가 알차고 길차게 자라기에 알맞다고 한다. 하여 이 땅의 온전한 주인 나무는 다름 아닌 신갈나무다!

제비는 작아도 알만 잘 낳는다

제비(*Hirundo rustica*)는 참새목 제빗과의 새로, 몸길이 18센티미터
가량으로 수놈이 암놈보다 조금 크다. 등은 푸른빛이 도는 검정
색이고 이마와 멱은 어두운 적갈색이며 배는 희다. 꼬리는 꽤나
길고 끝이 V자형으로 패였고, 꼬리가 길고 커서 번듯한 수놈이
예쁘고 건강한 암놈을 차지한다. 그런 녀석이 병에 강하고 번식력
도 강하다는 것을 암놈이 한눈에 알아보니 일종의 성 선택性選擇인
것! 그러고 보면 결혼식이나 격식을 차려야 하는 공식 석상에서
왜 남자들이 제비 꼬리 닮은 옷인 연미복燕尾服을 입는지 그 의미
를 알 만하다.

귀제비(*Hirundo daurica*)는 몸길이가 어림잡아 19센티미터로 앞

서 소개한 제비보다 몸집이 조금 더 크고 꽁지도 길다. 정수리는 자주색이고 뒷목과 등, 어깨는 윤기 나는 자주색 바탕에 흑청색이 깔렸다. 제비가 인가의 처마에 마치 접시 모양으로 둥지를 튼다면, 귀제비는 다리 밑이나 산기슭의 깎아지른 듯한 벼랑에다가, 입구는 터널 모양이고 끝으로 가면서 좁아지는 길쭉한 깔때기꼴의 집을 짓는다.

제비는 봄을 물고 오는 진객珍客이다! 그래서 "제비가 둥지를 틀면 부자가 된다."거나 "명랑하고 행복한 가정에는 제비가 찾아든다."고 했다. 예부터 제비는 곡식은 먹지 않고 해충만 잡으니 익조, 길조로 여겼으며, 제비의 귀소 본능歸巢本能을 익히 잘 알고 있었다. 그래서 다친 다리를 싸매 줬던 흥부네 집에 알찬 박씨를 물어다 주었지. 더군다나 제비가 올라치면 마당에 물을 뿌려 주어 집 지을 진흙을 마련해 주었으니 옛 조상들의 제비 사랑을 쉽게 짐작케 한다. "제비도 은혜를 갚는다."고 무엇보다 흥부 이야기에는 자연 보호와 생명 존중의 정신이 물씬 담겨 있다.

"제비는 작아도 알만 잘 낳는다."는 말은 여자가 몸집이 작아도 아기를 잘 낳는다는 비유다. 암놈은 푹신한 알자리에다 하얀 바탕에 붉은 점이 박힌 알을 하루 1개씩 낳아 5~6개가 모이면 곧바로 알 품기에 든다. 줄탁동기啐啄同機라, 16일 뒤에 벌거숭이 새끼들이 알을 깨고 나오니, 그때가 보통 6월경으로 벌레가 한창

득실거릴 때다. 파리, 하루살이, 벌, 잠자리 등 날벌레들 모두가 먹잇감이다. 보통 제비는 두 차례 새끼를 치며, 가끔은 첫배 언니들이 2번째 깬 동생들에게 연일 벌레를 물어다 먹인다. 제비는 1초에 7∼9번 날갯짓하여 초속 11∼20미터로 휙휙 날면서 날벌레뿐만 아니라 수면이나 담장에 붙은 것들마저도 날쎄게 낚아챈다.

어미, 아비는 부산하게 연신 벌레를 물어온다. 쥐도 새도 모르게 납작 엎드려 있던 새끼 놈들이 어미 소리를 듣고는 눈을 부릅뜨고 숨가쁘게 신들린 듯 모가지를 한껏 빼 정신 사납게도 시끌벅적 짹짹거린다. 앞다퉈 주둥이를 쫙쫙 벌리고는 목을 바들바들떨며 껄떡인다. 아귀다툼이 따로 없다. 서로 먼저 먹겠다고 애처로이 애절한 소리로 울부짖고, 짤래짤래 목을 뽑아 버둥대는 것은 먹이를 먹기 위한 어리광이며 꾀부림이요, 충동질인 것. 한 어미 자식도 아롱이다롱이라 했던가. 덩치가 커 목줄기가 더 긴 녀석이 덥석덥석 받아먹고 더 빨리 자라 살피듬이 좋은 것은 정한이치다. 그리고 입가에 둘러난 샛노란 테도 그렇지만 입천장에는어미 눈에 잘 띄게 하는 마우스마킹Mouth marking이라는 또렷한 점무늬가 있으니, 이를 조준하여 먹이 문 어미가 부리를 새끼들 목깊숙이 밀어 넣는다. 이 노란 테와 마우스마킹 덕분에 어미는 어두컴컴한 곳에서도 새끼들에게 먹이를 수월하게 먹일 수 있다. 성조가 되면 대개 없어지지만 종에 따라 그렇지 않은 것들도 있다.

제비가 올 무렵에 피는 제비꽃도 이른 봄밭에 보라색 꽃망울을 날쌔게 터뜨린다! 음력 3월 삼짇날 왔던 제비는 음력 9월 9일의 중양절重陽節이 되면 따스하고 먹을거리 많은 강남으로 떠난다. 하지만 이듬해 삼짇날 어김없이 우리나라로 다시 돌아온다. 한편 제비가 하늘 높이 풀풀 날면 날씨가 맑고, 나지막이 나는 날에는 비가 온다고 하는데, 벌레들이 고기압에는 높다랗게, 저기압인 날에는 낮게 날기 때문에 먹이를 따라서 제비도 높게 날거나 낮게 나는 것이다. 그리고 제비가 빨리 오는 해는 풍년이 든다는데, 아마도 지난겨울이 따뜻했다는 뜻일 게다. 제비는 이렇게 일기와 절기를 알아내는 기상 캐스터다.

개 꼬락서니 미워서
낙지 산다

낙지[*Octopus variabilis*]는 두족강 문어목 문어과의 연체동물로, 다리를 포함한 몸길이가 30~50센티미터 전후이며, 옅은 회색빛을 띠지만 부아가 나면 천변만화千變萬化하는 다양한 위협색을 가지고 있다. 주머니 모양의 몸통 안에는 심장, 간, 위, 장, 아가미, 생식기 등의 각종 장기들이 가득 들어 있고, 몸통의 끝인 머리 부위에는 뇌와 눈, 물이 드나드는 깔때기가 위치해 있다. 이렇게 몸통에 머리와 긴 다리가 붙어 있는지라 두족류頭足類라 부르며, 다리에는 1~2줄의 빨판이 있다. 다리 가운데 입이 있으며, 거기엔 앵무새의 부리를 닮은 날카로운 악판顎板이 들어 있다. 우리는 낙지 다리를 '다리'라 부르는데 서양 사람들은 '팔'이라고 부른다.

두족류는 무척추동물 중에서 뇌가 발달하고 신경이 아주 굵으며 가장 지능이 높은 것으로 이름이 자자하다.

낙지는 문어, 주꾸미 등과 같이 다리가 8개로 '작은 문어'라고 부르기도 한다. 오징어, 갑오징어, 꼴뚜기들은 10개의 다리를 갖는다. 주로 굴, 조개 같은 것을 잡아먹는데, 보통 때는 느릿하지만 먹이만 봤다 하면 날쌔게 달려가서 확 덮치는 품이 더없이 날래다. 8개의 다리 끝에는 온통 빨판이 더덕더덕 달라붙어 있고, 억센 근육질 다리로 조여들어가 먹잇감의 힘을 빼 버린다. 낙지, 문어들의 빨판을 흉내 내어 부엌 여기저기에 붙일 수 있는 인조 흡반吸盤을 만들었다. 낙지는 우리나라, 중국, 일본의 연해에 분포하며, 우리나라에서는 특히 전라남북도 해안에서 많이 잡는다.

개펄에서 낙지를 잡는 모습을 TV를 통해 많이 봐 온 터라 낙지가 늘 펄에 숨어 있는 것으로 아는데 낙지도 헤엄을 친다. 물속에 가만히 있다가도 도망갈 때는 순간적으로 깔때기 끝을 오그려 외투막을 발작적으로 세게 수축한다. 몸속에 든 물을 깔때기 틈으로 재빨리 내뿜어 분사 수류를 일으켜서 휙 내빼는 것이다. 게다가 물의 저항을 줄이기 위해 머리와 몸통을 움츠리고 다리까지 바싹 오므려서 잽싸게 도망친다. 주변과 흡사하게 몸색깔로 위장하다가도 정 급하다 싶으면 멜라닌melanin 성분인 먹통의 짙은 먹물을 확 뿌린다. 먹물이 몸을 가리기도 하지만, 포식자가 먹물 때

문에 우왕좌왕 헤매는 사이에 안전지대로 내기 위함이다. 꾀보 낙지다. 한마디로 숨기, 달리기, 먹물 뿜기, 위장, 위협 등으로 천적인 큰 물고기를 피한다.

"낙지가 깊이 들면 그 겨울이 추울 징조다."라고 하는데, 겨울철에는 썰물이 지면 낙지가 구멍을 30센티미터나 깊게 파고든다. 개펄에는 게 구멍, 조개 숨 문 등 셀 수 없이 많은 숨구멍들이 있지만, 낙지 숨구멍 근처에는 푸른색을 띠는 고운 펄이 질퍽하다. 그 이유는 두족류의 호흡 색소가 청색을 띠기 때문으로, 그것은 구리가 든 헤모시아닌hemocyanin 탓이다. 그런데 이놈들의 사랑 또한 특이하고 기특하다. 수놈이 암놈을 만나면 몸색깔을 이리저리 바꾸면서 좋아하는 티를 내며 집적거린다. 그런가 하면 수놈끼리 만나는 날에는 물불 가리지 않고 대번에 으르고 족치고 난리가 난다. 이렇게 겁박하며 방어하다가 이윽고 암놈이 얼룩말 무늬를 띠면 그것을 신호로 알아차리고 헐레벌떡, 다짜고짜 암놈한테 달려든다. 한데 수놈은 암놈과 확연히 다른 점이 있으니, 오른쪽 3번째 다리(오징어는 4번째 다리) 끝에 숟가락을 닮은 교접완交接腕, 즉 짝짓기 팔이 있어서 정자를 쏟아 모은 정포精包를 이 짝짓기 팔에 얹어서 암놈 입 근방의 생식 주머니에 살포시 집어넣는다. 이것이 낙지의 짝짓기다. 암놈은 보통 120~130개의 알을 펄 밭의 속굴 안벽에다 낳으며, 알이 부화할 때까지 대차게 지킨다.

낙지는 5~6월에 알을 다 쏟아 버려 배고프고 굼뜬 '묵은 낙지'가 된다. 그래서 일이 매우 쉽다고 할 때는 "묵은 낙지 꿰듯"이라고 하고, 일을 단번에 해치우지 않고 두고두고 조금씩 할 때는 "묵은 낙지 캐듯"이라고 한다. "오뉴월 낙지는 개도 안 먹는다."라는 말이 있는데, 산란을 마친 오뉴월의 낙지는 영양가가 다 떨어져 맛이 없어 아무도 쳐다보지 않기 때문이다. 그러나 가을철 서늘한 바람이 불 때쯤이면 통통하게 살이 오르는데, 이즈음의 낙지를 '꽃 낙지'라 부르며 최고로 쳤으니 '봄 조개, 가을 낙지'라는 말도 여기서 생겼다. "개 꼬락서니 미워서 낙지 산다."는 속담은 개가 즐겨 먹는 뼈다귀가 들어 있지 않은 낙지를 산다는 뜻으로, 자기가 미워하는 사람에게 이롭거나 좋을 일은 조금도 하지 않겠다는 뜻이다. 허나 저렇게 원수 척지지 않고 살면 좀 좋으랴. 개에게도 낙지를 줄 일이다.

낙지에는 시력 회복과 근육 피로 회복에 큰 효력이 있는 타우린taurine이 많이 들어 있다. 그래서 '갯벌의 산삼'이라 일컫는데, 특히 정약전의 『자산어보』를 보면 말라빠진 소에게 낙지를 3~4마리 먹이면 곧 강한 힘을 갖게 된다고 나와 있다. 낙지는 각종 해물을 거하게 담은 해물탕 위에 화룡점정畵龍點睛으로 얹거나, 고추장 양념으로 야채와 함께 바특하게 조려 매콤한 낙지볶음으로 먹어도 별미다. 꿈틀꿈틀 살아 있는 세발낙지를 눈 하나 까딱 않고 목구멍이 미어터지게 통째로 질겅질겅 씹어 먹기도 하고, 탕탕 쳐서 토막 낸 산낙지를 채썬 오이와 참기름, 소금에 버무려 먹기도 한다. 그런데 이놈들이 이미 죽었다지만 징그럽게도 한참 동안 꿈틀거린다. 필자는 비위가 약해 아직도 산낙지는 먹어 보지 못했다. 먹는 사람들한테 물어보니 입천장에 빨판이 쩍쩍 달라붙는 맛으로 먹는다고 하던데, 필자한테는 기실 영화에나 있을 법한 일로 몬도가네Mondo Cane가 따로 없다. 한마디로 엽기라는 말이다.

처음에는 사람이 술을 마시다가
술이 술을 마시게 되고,
나중에는 술이 사람을 마신다

"술에 물 탄 이, 물에 술 탄 이"란 말은 술에 물을 타서 아무 맛도 없게 밍밍하게 된 맹물과 같은 사람이라는 뜻으로, 성격이나 품성 같은 것이 주견이나 주책이 없이 뜨뜻미지근하여 똑똑하지 않은 사람을 일컫는다. 사실 필자도 워낙 술을 좋아해 "술과 안주를 보면 맹세도 잊는다."는 속담에 해당되는 사람이었나. 다음날이면 못마땅해하는 집사람에게 입도 뻥긋 못하고 앞으로는 절대 과음하지 않겠다는 각서도 수없이 썼는데, 이제 나이가 드니 아쉽게도 그 술이라는 친구와 슬슬 멀어지기 시작한다. 술도 마실 때가 좋다.

아마도 술이란 말은 '술술' 잘 넘어간다고 붙은 이름일 터. 그런데 술은 밥이나 고기같이 애써 씹지 않아도 되고, 에너지 써서 소화시킬 필요도 없이 그냥 닭 물 마시듯 고개 치켜들어 쏟아붓기만 하면 된다. 또한 포도당보다 훨씬 작은 분자로 잘려져서 세포에 스르르 스며들어 곧바로 열과 힘을 낸다. 누가 뭐래도 술은 마시는 음식이요, 백약의 장長이다.

술을 만들 때에는 반드시 누룩을 넣으니, 누룩곰팡이[Aspergillus oryzae]는 아밀레이스, 말테이스, 인베르테이스, 셀룰레이스 등의 효소를 가지고 있는데, 이 중 아밀레이스가 녹말을 포도당으로 분해하므로 이 성질을 이용하여 술을 만든다. 그다음에 이 포도당을 술까지 분해하는 것이 '발효의 어머니'라고 부르는 효모酵母인데, 다시 말하면 누룩곰팡이가 녹말을 분해해 포도당을 만들고, 효모는 포도당을 더 작은 물질인 술로 만드니 이를 '알코올 발효'라 한다.

그럼 그 과정을 술독에서 만나 보자. 옛날에 우리 집에서도 자주 술을 담갔으니, 쌀을 시루에 찐 지에밥은 하도 꼬들꼬들하여 맨손으로 주워 먹어도 밥알이 손에 붙지 않았다. 꺼들꺼들 열 빠진 지에밥을 말끔히 소독한 술독에 쏟아붓고, 밀을 굵게 갈아 띄운 누룩가루를 골고루 섞어, 자작자작 물과 버무려 따뜻한 방 아랫목에다 곱게 모시고는 담요나 이불로 둘둘 말아 둔다. 그러면 이 걸쭉한 혼합물이 한 이틀 지나면 독 안에서 부글부글 끓어 터지면서 이산화탄소를 내뿜느라 거품이 생긴다. 이산화탄소 거품이기에 촛불을 켜 독 안에 넣어 보면 불꽃이 단번에 꺼지고 만다. 그런데 난데없이 독 안이 부글부글 끓어 대니 물에 불이 붙었다며 옛날에는 술을 '수불'이라 불렀다고 한다. 한마디로 술이 잘 괴었다는 뜻이다. 이맘때가 손가락으로 떠 맛을 보면 달착지근하니 녹말이 변해서 엿당이나 포도당으로 변하는 때다. 얼마 더 지나 술독이 식고 낌도 잠잠해지면서 잦아들면 이제는 용수를 박아 청주清酒를 뜬다. 용수란 싸리나 대오리로 만든 둥글고 긴 통으로 술이나 장을 거르는 데 썼던 물건이다.

"술 익자 체 장수 간다."고 이렇게 푹 익은 술에서 청주를 뽑아내고 남은 건더기에 물을 부어 팍팍 치대고 꽉 짜서 국물을 체로 걸러내면 그것이 바로 '아무렇게나 막 거른' 막걸리요, 이것을 소줏고리에서 증류한 것이 바로 소주다. 또한 모주母酒를 짜내고 남은 찌꺼기가 술지게미인데, 배고팠던 옛날엔 알코올이 남아 있는 그 술지게미를 아이들이 아침밥 대신 먹고는 학교에서 취기가 올라 술주정을 했다지. 아, 서러운 세월이여!

술은 굳게 닫힌 마음의 빗장을 열어 주고, 묻혀 있던 진심을 절로 노출시키며, 팽팽했던 넋의 끈을 느슨하게 풀어 준다. 고인 마음을 흐르게 하고, 숨은 얼을 일깨워 되새기게 한다. 또 술은 가장 부작용이 적은 약이라고 약학의 바이블인 약전藥典에 버젓

이 쓰여 있지만, 과유불급過猶不及이라 그 또한 과하면 까탈을 부린다. 적당히 마시면 기갈飢渴을 달래고 반주飯酒하면 입맛을 돋우며 혈액 순환을 돕지만, 술도 양면성을 지닌지라 마시면 더 마시고 싶어져 권커니 잣거니 노상 그놈에게 멱살 잡혀 사는 곤드레만드레 주정뱅이가 되기도 한다. 그야말로 "처음에는 사람이 술을 마시다가 술이 술을 마시게 되고, 나중에는 술이 사람을 마신다."는 속담이 딱 맞다.

이 밖에도 일하는 솜씨가 거칠고 어지러운 모양을 비유하여 "술 취한 놈 달걀 팔듯"이라 하고 정신없이 고주망태가 되어 행동을 제멋대로 하는 사람을 "술 먹은 개"라 비꼰다. 그래서 술은 어른 앞에서 배워야 점잖게 배운다는 말이 백번 옳다. 술 마시는 것도 버릇이니까. "술 취한 사람 사촌 집 사 준다."고 술 취한 사람은 배포가 커져 뒷감당도 못할 호언장담豪言壯談을 하기도 하지만, "술 담배 참아 소 샀더니 호랑이가 물어 갔다."고 돈을 모으기만 할 것이 아니라 쓸 때에는 잘 써야 한다.

술은 세포질 안에 많이 들어 있는 세포 소기관인 미토콘드리아mitochondria에서 분해가 일어난다. 주로 간에서 에탄올이 아세트알데히드acetaldehyde를 거쳐 초산으로 바뀌어서 아세틸 Co-A로 되면서 크레브스Krebs 회로에 들어간다. 그런데 에탄올이 아세트알데히드로 바뀌는 데는 알코올 탈수소 효소라는 것이, 또 아세트알데히드가 초산으로 변하는 데는 아세트알데히드 탈수소 효소라는 것이 있어야 한다. 숙취란 바로 이 아세트알데히드 때문! 그렇다. 술을 체질적으로 전연 못 마시는 사람들은 바로 알코올 분해 효소가 없기 때문인데, 그 효소를 만드는 유전자를 물려받지 못한 탓이다. 술 마시는 것도 내림한다는 말씀. 그런데 술을 마실 줄 아는 사람도 오랫동안 술을 마시지 않으면 이들 효소의 생성이 줄어 술에 더 많이 취하고 취기도 오래간다.

옛날에는 집집마다 초단지가 있었다. 정종 병에 막걸리를 부어 넣고 뜨듯한 부뚜막에 진득하게 오래 두면 술이 초산균에 의해 초산 발효하여 식초가 된다. 술 분자가 더 쪼개져서 식초가 된 것. 그러므로 술보다 식초가 우리 몸에서 훨씬 빨리 분해되어 에너지가 된다. 지금까지 한 이야기를 정리해 보면, 녹말이 엿당으로, 엿당이 포도당, 포도당이 술이 되는 알코올 발효와 술이 식초가 되는 초산 발효 이야기를 봉사 코끼리 더듬듯 했다. 뒤로 갈수록 분자 구조가 작아져 세포 속 미토콘드리아에서 벼락같이 열과 에너지를 낸다는 것만 알아 두고 넘어가자.

'겨울비는 술 비'라고 한다. 겨울에 비가 내리면 더욱 쓸쓸하고 외로워져 자연스레 술을 마시게 된다는 뜻이다. 또한 "밥은 봄같이, 국은 여름같이, 장은 가을같이, 술은 겨울같이 먹어라."라는 속담도 있다. 이는 밥은 따뜻하게, 국은 뜨겁게, 장은 서늘

하게, 술은 차갑게 먹어야 제맛이라는 조상님들의 지혜가 담긴 속담이다. 이러나저러나 사람이나 술이나 발효라는 농익음 끝에 라야 맛깔스러운 맛과 향긋한 향기가 난다!

악어의 눈물

악어는 어쩐지 욕심이 가득차고 독기로 똘똘 뭉쳐 사특하고 얍삽한 게 너무나 그악스럽게 보인다. 귀하게 여기고 보면 귀치 않는 것이 없다 했는데 내가 왜 이렇게 내로라하는 악어를? 께름칙하고 섬뜩하게 쩍 벌린 아가리의 위아래 턱에 삐죽삐죽 솟아 있는 이빨까지 징그럽다. 그래도 5500만 년 전 지구에 태어나 도마뱀과 뱀이 속하는 파충류 중에서 가장 발달하였고 크기도 제일 크다. 악어가죽으로 가방과 지갑, 구두, 벨트도 만들고 살코기까지 먹어 대서 멸종 직전에 몰렸으나, 다행히 여러 나라 방방곡곡에 악어 치는 농장이 생겨 씨가 마르는 것은 막았다 한다.

한데 '악어의 눈물'이란 말이 있다. 이집트 나일 강의 악어는 악어 중에서 가장 사나워 매년 수백 명의 사람이 물려 죽는다 하는데, 이들 나일악어[*Crocodylus niloticus*]가 사람을 잡아먹고 난 뒤에 눈물을 흘린다는 전설에서 그 말이 유래하였다고 하고, 이런 너스레 울음인 '악어의 눈물'은 셰익스피어의 『햄릿』이나 『오셀로』 등 여러 작품에서 인용하고 있다 한다. 아무튼 이렇게 악어의 눈물을 가식적인 거짓 눈물에 빗대어 쓰기 시작한 것이 나중엔 교활한 위선자나 약삭빠른 정치가를 뜻하는 말로 굳어졌다. "쥐 죽은 날 고양이 눈물"이라거나 "고양이 쥐 생각"이라 하듯 거짓부렁이로 흘리는 악어의 눈물, 병 주고 약 준다더니만 밉상이 따로 없다.

실제로 악어는 입을 쫙 벌리고 먹잇감을 씹을 때 눈물을 흘린다. 그런데 이 눈물은 결코 슬퍼서 흘리는 것이 아니다. 눈물샘의 신경과 입을 움직이는 신경이 같아서 아가리를 쫙 벌리면 저절로 눈물이 난다. 그리고 의학에도 얼굴 신경 마비의 후유증으로 나타나는 '악어 눈물 증후군Crocodile Tears Syndrome'이라는 것이 있는데, 이 증후군을 겪는 환자들은 침샘과 눈물샘의 신경이 뒤얽혀 마치 악어처럼 침과 눈물을 함께 흘린다.

악어는 악어목 악어과에 딸린 파충류를 총칭하며, 이름에 어魚 자가 붙은 것은 어류라는 뜻이 아니고 '물에 산다'는 의미다. 악어는 큰 머리에 주둥이는 가늘고 길며, 이빨은 날카롭고 조밀하게 위아래 모두 20여 개가 나 있고, 특히 턱의 무는 힘은 무시무시하다 한다. 몸은 길쭉하며 머리와 몸통의 구별이 확실치 않고, 목은 좌우로만 움직이며, 유선형이라 재빠르다. 앞다리엔 발가락이 5개요, 뒷다리엔 발가락이 4개이다. 특히 뒷다리에는 물갈퀴가 발달하였으니 이것은 설렁설렁 헤엄치기보다는 버둥거리며 몸의 방향을 빠르게 바꾸거나 얕은 물에서 걷는 데 쓰인다.

악어는 머리에서 꼬리 끝까지, 배와 가슴 가죽은 부드럽지만 등판에는 단단한 비늘판이 덮여 있다. 비늘에 있는 작은 구멍은 물고기의 옆줄처럼 감각 기능을 하거나 기름 성분을 분비하여 진흙을 씻어 내는 것으로 보인다. 바깥 콧구멍 외비공外鼻孔은 튀어나온 주둥이 끝에 열려 있다. 허파로 공기 호흡을 하기에 보통 때는 코만 물 위에 드러내 놓으며, 물속에서는 외비공과 귓구멍이 닫힌다. 게슴츠레한 눈은 투명한 순막瞬膜으로 덮이고, 눈동자는 길쭉하며, 밤에는 눈이 발그스름하게 빛나는데 이는 특수한 색소가 망막에 반사되기 때문이다. 그런데 이 녀석이 엉뚱하게도 큰 돌을 삼키니 이를 위석胃石이라 하는데, 이는 몸의 평형을 잡는 일 외에도 새의 모래주머니처럼 먹이를 부수는 일을 돕는다.

암놈 악어는 모래밭의 굴을 파고 평균 50개의 달걀과 비슷하게 생긴 알을 낳고는 모래를 덮어 놓는다. 부화 기간은 약 3개월인데 그동안 어미는 줄곧 곁에서 알을 지키며, 부화 직전에 알 안에서 새끼가 소리를 지르면 어미는 곧바로 알을 입에 물고 굴려서 껍데기를 일부 깨뜨려 준다. 또 악어는 사람과 달리 성 염색체가 없어 암수가 유전적으로 결정되는 것이 아닌 온도에 따르는 것으로, 부화 중간 시기의 배胚 발생 온도가 섭씨 31.6도이면 모두 수놈이 되고, 그보다 낮거나 섭씨 34.5도보다 높으면 모두 암놈이 된다. 또한 귀소 본능이 강해서 호주에서 바다악어를 400킬로미터나 먼 곳에다 헬리콥터로 떨어뜨려 봤더니만 원래 자리를 찾아왔다 한다. 수명은 평균적으로 70~100년 정도이고 130년을 산 기록도 있다. 2011년 9월 필리핀에서 포획된 한 악어는 무게 1톤, 몸길이 6.17미터로 세계 최대의 바다 악어로 기네스북에 등재됐다고 한다.

악어의 종류는 크게 크로커다일crocodile과 앨리게이터alligator, 가비알gavial로 나누는데, 가비알은 몸집이 아주 작고 주둥이가 가늘고 길어서 알아보기 쉽지만, 크로커다일과 앨리게이터는 하도 닮아 언뜻 보면 헷갈린다. 그러나 몇 가지 차이점이 있다. 첫째, 크로커다일은 얼굴이 뾰족한 편이나 앨리게이터는 넓적한 편이다. 둘째, 크로커다일은 입을 다물었을 때 아래턱의 4번째 이빨이 드러나 보이지만 앨리게이터는 거의 보이지 않는다. 셋째, 크로커다일은 주로 민물과 바닷물이 섞이는 기수에 살지만 앨리게이터는 호수나 강 같은 민물에서 산다. 넷째, 크로커다일은 악바리로 성격이 난폭하고, 몸길이가 3~10미터로 아프리카와 아시아에 서식하면서 하마나 코끼리는 물론이고 수틀리면 사람도 습격하지만, 앨리게이터는 순둥이로 성질이 온순한 편이고, 몸길이가 1~6미터로 북아메리카나 중국에 분포하며, 물고기, 도마뱀, 쥐 같은 것을 잡아먹는다. 다섯째, 크로커다일은 바다거북처럼 혀에 소금샘이 있는데 앨리게이터는 없다. 결국 종합하면 전자는 후자에 비해 주로 물에 머물고 몸통이 좁으며 머리가 삼각형에 가깝고 주둥이가 뾰족하며 행동이 무척 날쌔다.

왜 있잖은가, 많이 들어왔던 악어와 악어새의 공생 관계 이야기 말이다. 악어새[*Pluvianus aegyptius*]는 악어 이빨에 끼인 찌꺼기나 기생충을 먹거나 잡아 주고, 악어새는 포식자들의 공격을 피한다는 것 말인데, 사실 그 둘의 관계가 명확치 않다. 어제의 참이 오늘에 와 거짓이 되는 수가 더러 있는 법. 사실 악어는 이빨이 쉽게 썩지 않는 편이라서 특별히 이빨을 청소할 일이 없다고 한다. 악어새가 악어 입속을 연신 들락거리며 이빨 사이에 낀 거머리도 잡아먹는다고는 하지만 딱히 공생이라는 확실한 증거가 되지는 않는다고 한다. 단지 신화적이고 우화적인 소설일 뿐이라 하는데, 그래도 넓고 크게 보면 그들이 서로를 돕는 것은 엄연한 자연의 이치가 아닐까?

우선 먹기는
곶감이 달다

애써 알뜰히 모아 둔 재산을 조금씩 헐어 써 없앰을 비유하여 "곶감 꼬치에서 곶감 빼 먹듯 한다." 하고, 마음에 안 맞아 기분이 안 좋을 때 "곶감이 접 반이라도 입이 쓰다." 하며, 잇따라 먹을 복이 쏟아지거나 연달아 좋은 수가 생김을 "곶감 죽을 먹고 엿목판에 엎드러졌다."라고 한다. 또 앞일은 생각해 보지도 않고 좋은 것만 즉시 취하거나, 당장 좋은 것에 반하여 장래에 해가 될 것을 모르고 몰두하게 되는 경우 "우선 먹기는 곶감이 달다."고 한다. 그렇다. 입에 짝짝 달라붙는 달디 단 곶감에는 대장의 수분 흡수를 돕는 타닌이 많아 흠씬 먹고 나면 분명 변비로 고생하는 수가 있으니 그런 속담이 있을 만도 하다. 다 경험에서 우러났으리라! 필자도 자주 당해 본 일인데, 곶감을 먹다가 까딱 잘못하면 이가 빠지는 수도 있으니 조심해야 한다. 비슷한 속담으로 "두부 먹다 이 빠진다."거나 "홍시 먹다가 이 빠진다."라는 것도 있으니, 운수 나쁜 사람이 하는 일은 당연히 될 일에도 뜻밖의 재앙이 든다.

종이가 귀했던 필자의 어린 시절에는 감나무 잎을 접어 딱지 치기를 했고, 감꽃을 실에 꿰어 주렁주렁 목에 매달고 다니다가 출출하면 텁텁하고 달착지근한 그 감꽃을 군것질 삼아 따 먹었으며, 땅바닥에 떨어진 홍시로 허기를 달랬다. 필자는 지리산 산청 곶감을 만드는 단성감으로 이름난 곳에 살았기에 이런 소중한 체험을 했더랬다. 또한 마을 아낙네들이 "감꽃으로 목걸이를 만들어 걸면 아들을 낳는다."고 목에 둘렀으니, 감꽃 목걸이나 진주 목걸이나 그게 그것으로 하나도 다르지 않았다. 조율이시棗栗梨柿라, 곶감을 귀히 여겼으니 명절이나 제사 때 쓰는 과일의 하나가 아닌가.

감나무는 중국 양쯔 강 근방이 원산지인데 잎 지는 큰키나무로, 잎은 달걀꼴로 어긋나고 잎 둘레에 톱니가 없다. 둥그런 종鐘 모양인 꽃잎은 4장이고, 꽃받침은 3~7갈래로 감이 익어도 떨어지지 않고 열매 밑을 떠받친다. 목질에 검은 줄무늬가 있는 먹감나무는 재질이 좋아 장롱 짜는 데 제격이다.

떠런 감이 다 익지 못한 채로 떨어진 과실인 도사리를 소금물 항아리에 침시沈柿하여 우려먹었으니, 떫은맛을 내는 타닌 성분을 삭이는 것이다. 땡감 먹느라 거뭇거뭇한 감물이 흰옷에 물들면 엄마한테 꾸중도 자주 들었지. 이렇듯 풋감을 짓이겨 으깬 즙으로 옷감에 물을 들이기도 하는데 무명천에 감물 들인 옷을 '갈옷'이라 한다.

첫서리가 내릴 무렵이면 감잎도, 감도 뻘겋게 가을 옷을 입는다. 나무에 감을 너무 오래 두면 묽어져 홍시가 되어 버리기에 때를 놓치지 않고 따야 하고, 주워 먹고 남은 쓸모없어 보이는 깨진 홍시는 큰 항아리에 넣어 둬 감식초를 만든다. 취기醉氣가 남은 사람들 입에서 풍기는 술 냄새가 홍시 냄새와 비슷한데, 우연찮게도 숙취를 잡는 데 홍시가 으뜸이다. 술을 깨는 데 포도당 주사가 제일이듯 포도당이 많이 든 홍시도 제일인 것이다. 요즘은 어린 감잎을 따 말린 감잎차도 비타민 C가 풍부해 인기다.

요사이는 감을 기계로 척척 벗겨서 건조기에서 3~4일이면 말린다는데 우리 때는 언감생심焉敢生心, 밤새 껍질을 뱅글뱅글 돌려 벗기고 나면 손가락이 아릿아릿해지고 내 허리가 내 것이 아닌 느낌이었다. 깎은 감을 옛날에는 대꼬챙이나 싸리 꼬챙이에 꿰어 말렸으나, 요즘은 감꼭지에 실을 매어 바람 잘 통하는 그늘에 뒤룽뒤룽 매단다. 이렇게 감을 말려 건시乾柿로 만든 것이 곳감인데, 덜 말려 말랑말랑한 것은 반시半柿다.

곶감은 수분이 적고 당도가 높아 오래 두어도 부패하지 않는다. 감 껍질을 벗길 때는 쇠로 만든 칼을 사용하면 감에 함유되어 있는 타닌과 반응하여 빛깔이 변하므로 스테인리스 칼을 사용하는 것이 좋단다. 완전히 건조되면 타닌의 산화로 떫은맛이 사라지고 달달한 속살이 영글게 되는데 표면에 흰 가루분이 생긴 뒤에 먹으면 더 맛이 좋다. 이를 시설柿雪이라 하며 성분은 과당과 포도당이라 한다. 그런데 시골에서 곶감을 말리면서 틀 아래에다 황黃을 태우는 것이 참 궁금했는데, 갈색으로 변하는 것을 막아 색깔을 선명하게 내기 위해서 유황 훈증硫黃燻蒸을 하는 것이란다. 곶감은 그대로 먹기도 하고, 곶감에 호두를 싸서 곶감쌈을 만들어 먹기도 한다. 그런데 흠이 있어 곶감으로 만들기에 적합하지 않은 못

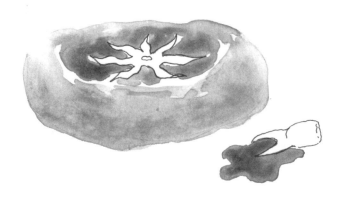

난이는 얇게 토막 내 말려서 감말랭이를 해 먹는다.

옛날 감나무는 분명 올해에 감이 열리면 이듬해에는 열리지 않는 해거리를 했었다. 바보스럽게도 그게 유전적으로 그런 것이라 여겼는데, 요즘에는 퇴비 거름을 잔뜩 주고 농약까지 치는 까닭에 도통 해거리가 없다고 하니 유전적으로 해거리를 하는 것이 아니었던 것. 참 신통하다! 홍시의 붉은색은 토마토에 많다는 라이코펜lycopene이라는 색소 때문인데 이것은 일종의 카로티노이드carotinoid 색소로, 특성은 카로틴carotene과 비슷하며 항산화, 항암작용도 한다고 한다.

옛날이야기 중에 곶감이 아이의 울음을 뚝 그치게 하여 곶감이 자기보다 더 무서운 것인 줄 알고 도망갔다는 「호랑이와 곶감」 이야기는 내 아이들에게도 자주 들려줬었지. 허참, 곶감 빼 먹듯이 한 살, 두 살 내처 세월을 뽑아 먹다 보니 어느새 일흔세 살. 이제 몇 개 안 남은 성싶다. 아껴 먹을 것을, 참 달고 맛있었는데……. 말을 꾸미거나 고친 것을 전혀 알아챌 수 없을 정도로 티가 나지 않는 것을 놓고 '감쪽같다'고 하는데, 어디 감쪽같이 젊어질 수는 없는 것일까? 가지가지에 주렁주렁 한가득 매달린 홍시가 진한 주홍빛을 띠니 열매에서 가을의 정취와 풍성함을 느끼고, 우듬지에 달려 있는 4~5개의 까치밥에서 나눔의 미덕을 깨닫는다!

조개와 도요새의 싸움, 방휼지쟁

중국 전국시대 연燕나라에 흉년이 들자, 이웃 조趙나라가 이때를 틈타 침공을 서둘렀다. 그러한 정보를 입수한 연나라의 소왕昭王은 마음이 조급해졌다. 그렇잖아도 또 다른 이웃 제齊나라와 한창 싸우고 있던 중이므로 병력을 반분하여 양쪽을 다 상대해서 싸울 수도 없는 형편이었다. 그래서 소왕은 세 치 혀 하나로 살아가는 세객說客인 소대蘇代에게 조나라 혜문왕惠文王을 찾아가라고 명령을 내렸다. 이에 소대는 혜문왕을 알현하고는, "이번에 제가 이 나라로 오면서 국경을 지나다가 희한한 광경을 목격했습니다. 물이 빠진 강가에 커다란 조개 하나가 입을 벌리고 볕을 쬐면서 꾸벅꾸벅 졸고 있지 않겠습니까. 그러자 갑자기 도요새가 날아오더니 날카로운 부리로 조개 속살을 쪼았습니다. 그러니 깜짝 놀란 조개가 입을 꽉 다물 수밖에요. 그런데 그 바람에 도요새 부리는 그만 조개 입속에 꼭 끼고 말았지요. 둘이 한 치도 양보하지 않고 티격태격할 때, 마침 어부가 이 광경을 보고 달려와 조개와 도요새를 함께 붙잡아 버렸답니다."

이처럼 먼저 비유를 늘어놓은 소대는 비로소 본론을 꺼냈다.

"조개와 도요새가 오기로 버티다가 둘 다 죽게 된 것과 마찬가지로, 연나라와 조나라도 서로 싸우게 되면 같은 불행을 당하게 될 것은 불을 보듯 뻔한 노릇입니다. 귀국의 바로 등 뒤에는 진나라가 호시탐탐 노리고 있습니다. 귀국이 연나라와 싸워 힘이 빠지기를 기다려 진나라가 달려들면 어떻게 하시겠습니까?"

이 말을 들은 조나라 혜문왕은 마침내 연나라에 대한 침공 계획을 철회하고 말았다.

이 이야기 속의 조개와 도요새의 이야기 역시 지어낸 것으로, 조개가 죽지 않고는 새 부리가 쑥 들어갈 정도로 조가비를 벌리지 않는다. 여기서 조개蚌와 도요새鷸의 싸움을 '방휼지쟁蚌鷸之爭'이라 하고, "마침 어부가 이 광경을 보고 달려와 조개와 도요새를 함께 붙잡아 버렸답니다."라는 것이 '어부지리漁父之利'로, 둘 사이의 다툼을 틈타 제3자가 예상치 못한 이익을 얻는 것을 말한다. 그래서 방휼지쟁과 어부지리는 같은 뜻으로 쓰인다. 덧붙여서 '견토지쟁犬兎之爭'도 같은 뜻으로 쓰인다. 발 빠른 개와 썩 재빠른 토끼가 있어 개가 토끼를 뒤쫓았다 한다. 그들은 수십 리에 이르는 산기슭을 몇 바퀴나 돌고, 가파른 산꼭대기까지 여러 차례 오르락내리락하는 바람에 결국 둘 다 지쳐 쓰러져 죽고 말았다. 이때 그것을 발견한 농부는 힘들이지 않고 횡재하였다는 이야기다.

도요새는 몸길이 12~61센티미터의 소형 조류로 날개는 길지만 꽁지는 짧고, 부리는 길지만 곧거나 위 또는 아래로 굽는다. 몸의 윗면은 회색 또는 갈색이고, 아랫면은 흰색 또는 검정색이다. 습지, 하구, 해안에 살며 우리나라에는 36종이 알려져 있으나 대부분 나그네새이고 일부는 겨울 철새이다.

이러나저러나 방휼지쟁의 조개가 어떤 것인지 알 수 없으므로 조개의 대표격으로 조개 중의 조개라 부르는 최고 멋쟁이 백합[Meretrix lusoria]을 살펴보도록 하자. 백합은 껍데기가 2장인 이매패강 백합과에 속하며, 영어로는 비너스 조개Venus clam라 부르는데, 사랑의 여신 비너스의 이름을 딴 것으로 보아 아마도 백합 조개의 맵시가 예쁘다는 데에서 기인한 것이리라. 무엇보다 백합은 회, 죽, 탕, 구이, 찜 등으로 사람의 입맛을 돋운다. 산 채로 펄펄 끓는 물에 한꺼번에 쏟아붓고는 무, 콩나물, 다진 마늘, 부추를 넣어 한참을 끓이니 쉽게 말해서 조갯국이다. 백합을 푹 우려

낸 짭조름하고 감칠맛 나는 진국에는 타우린이 많이 들어 있어서 속을 푸는 데 으뜸이다. 그런데 조갯국이나 해물 칼국수를 먹다 보면 손톱만 한 작은 조개를 볼 수 있다. "조개 속의 게"란 말은 조개껍데기 속에 사는 게라는 뜻으로, 아주 연약하고 활동력이 없는 사람을 이르는 말인데, 실제로 많은 종류의 조개 몸속에 꼬마둥이 속살이게Pea crab들이 살고 있다.

백합白蛤은 맛이 백百 가지여서, 조개의 속살이 하얗기白 때문에, 또는 조개들마다 껍질의 무늬가 같은 것이 없고 백百 가지로 모두 다르기에 백합이라 부르게 되었다 한다. 주로 서해안과 남해안의 조간대 개펄에 사는데, 일반적인 크기는 높이가 6~8센티미터, 길이가 8.5~9.5센티미터로 상당히 알이 굵은 편이다. 8년생쯤 된 것은 거짓말 조금 보태서 아이 주먹만 하다. 이 종은 우리나라와 일본, 타이완, 중국, 필리핀 등지에 서식한다. 호미나 특수한 칼로 개펄 바닥을 긁어서 잡기도 하지만 근래에는 경운기를 굴려서 감자나 마를 캐듯 개펄의 흙을 깊게 파헤쳐 잡는다. 매끈매끈하고 반질반질한 껍데기는 삼각형에 가까우며, 두 패각貝殼을 이어 주는 인대靭帶는 흑색으로 크게 돌출되어 있다. 한편 껍데기에는 굵은 암갈색의 팔八 자 모양의 띠나 기하학적 무늬가 있는데, 그런 무늬가 뚜렷한 백합이 보기에만 근사한 것이 아니라 맛까지 좋다. 그야말로 보기 좋은 떡이 먹기도 좋은 것이다!

필자가 어렸을 때는 조가비에 연고를 담았고, 적당한 크기로 자른 뒤에 갈아서 바둑의 흰 돌로 만들었으며, 태워서 만든 석회는 고급 물감과 염료로도 썼다. 또 백합은 모양새가 예쁘고, 껍질이 꽉 맞물려 있어 부부 화합을 상징하기에 일본에서는 혼례 음식에 꼭 백합 요리가 나온다고 한다. 이는 우리나라도 다르지 않아서 조개를 본뜬 '색동 자수 조개 노리개' 같은 전통 공예품이 있을 뿐만 아니라 여자아이들 노리개로 '부전조개'라는 것도 있으니, 모시조개 따위의 조개껍데기 2개를 서로 붙이고 온갖 빛깔의 헝겊으로 알록달록하게 바르고 끈을 매달아 허리띠에 차는 것이다. 여기에서 나온 "부전조개 이 맞듯"이라는 속담은 부전조개의 두 짝이 빈틈없이 서로 꼭 들어맞는 것처럼 사물이 서로 딱 들어맞거나 의가 좋은 모양을 비유적으로 이르는 표현이다.

조개와 관련된 속담으로 "조개껍질은 녹슬지 않는다."라는 속담이 있다. 천성이 착하고 어진 사람은 다른 사람의 나쁜 습관에 물들지 않음을 이르는 말이다. "물썬 때는 나비잠 자다 물 들어야 조개 잡듯"이라는 속담은 때를 놓치고 뒤늦게 행동하는 게으른 사람의 어리석음을 비유적으로 이르는 말이다. 여기서 '물썬'이란 '썰물이 진 것'을, '나비잠'은 갓난아이가 두 팔을 머리 위로 벌리고 자는 잠을 일컫는다. 온갖 실패는 게으름에 그 뿌리가 있으니 부디 명심해야겠다.

눈이 뱀장어 눈이면
겁이 없다

뱀장어는 뱀장어목 뱀장어과에 속하는 민물고기로 보통은 몸길이가 70~100센티미터 정도 되는데 일부 큰 것은 150센티미터에 달하기도 한다. 몸통이 가늘고 길쭉한 원통형이며 꼬리는 옆으로 납작하고, 배지느러미와 가슴지느러미가 없으며 등지느러미는 꼬리지느러미에 이어진다. 비늘은 피부에 묻혀 있으며 더욱이 살갗은 한정 없이 미끌미끌하다. 옆줄은 또렷하게 몸 중앙에 있고, 아래턱이 앞으로 튀어나왔으며 예리한 이빨이 고루고루 나 있다. 등은 보통 암갈색이거나 흑갈색이며 뱃바닥은 은백색 또는 연한 황색이지만 사는 장소에 따라 가지각색이고, 온전히 성숙하여 바다로 산란하러 내려갈 무렵이면 몸이 짙은 흑색으로 변한다. 낮에는 돌 틈이나 풀, 진흙 속에 숨어 있다가 밤에 움직이는 야행성이며, 궂은 날이나 어둑한 밤중에 간혹 뭍으로 올라온다는 보고도 있다.

뱀장어의 생김새 중 특이한 것은 몸집에 비해 눈이 매우 작다는 것이다. 그래서 "뱀장어 눈은 작아도 저 먹을 것은 다 본다.", "눈깔이 뱀장어 눈이다."라는 속담까지 있다. 또 "눈이 뱀장어 눈이면 겁이 없다."라는 속담도 있는데, 보통 눈이 크면 겁이 많고 눈물이 많다는 것과 반대되는 말이다. "작살 맞은 뱀장어다." 란 말은 꾸불거리며 악을 쓸 때, "뱀장어 꼬리 잡은 것 같다."는 미끄러운 뱀장어 꼬리를 잡은 것처럼 놓칠 염려가 있다는 말이다. 그런데 필자는 어렸을 때 강바닥에 꽉 틀어박힌 너럭바위를 족대로 에두르고 지렛대로 세차게 마구 쿨렁쿨렁 흔들어서 도망나오는 뱀장어를 잡았는데, 퍼덕거리는 힘이 어찌나 세고 미끄러운지 족대로 둘둘 감아 싸도 미꾸라지처럼 빠져나가기 일쑤였다. 끈질긴 놈들이라 여간해서는 돌 틈에서 나오지 않으며, 나오라는 뱀장어는 안 나오고 웬걸, 메기 놈이 설레설레 나오는 경우도 있었다. "구렁이 담 넘어가듯"과 같은 말인 "메기 등에 뱀장어 넘어가듯"이란 속담이 그래서 생기지 않았나 싶다.

뱀장어[*Anguilla japonica*]와 같은 속에 북미뱀장어[*A.rostrata*]와 유럽뱀장어[*A.anguilla*]가 있다. 우리나라, 일본, 중국, 타이완, 베트남, 필리핀 북부 등 동아시아에 사는 종으로, 강이나 호수 등 서식하지 않는 곳이 없다. 육식성이어서 먹이는 갑각류, 수서 곤충, 실지렁이, 어린 물고기 등 거의 모든 수중 동물을 잡아먹는다. 수놈은 3~4년, 암놈은 4~5년쯤 지나면 짝짓기가 가능해지고 산란기가 되면 온몸에 아름다운 혼인색이 나타나면서 8~10월에 바다로 내려가 심해에서 알을 낳는다. 이때 생식 기관이 발달하고 소화 기관은 퇴화하여 자연스레 식음을 전폐하고 애오라지 산란 장소를 찾는 데에만 온 힘을 쏟는다. 그런데 무턱대고 덤벙 바다에 뛰어드는 것이 아니라 강물과 바닷물이 섞이는 기수에

서 얼마간 기웃거리며 염도에 서서히 적응한 뒤에 바다로 간다. 이렇게 강에서 바다로 이동하는 것을 강해성^{降海性}, 반대로 연어처럼 산란하러 바다에서 강으로 오르는 것을 소하성^{遡河性}이라고 한다.

사실 오랫동안 뱀장어의 산란 장소에 대해 알려진 것이 없었으나 2005년에 일본 동경대학교 해양연구소의 연구팀이 스루가 해산^{Suruga 海山}으로부터 서쪽으로 100킬로미터 떨어진 바다에서 부화된 지 2일 된 치어^{稚魚} 400마리를 채집하면서 밝혀졌다.

즉 필리핀 동쪽,

마리아나 열도의 서쪽에 있는 스루가 해산이 바로 뱀장어의 산란장인 것이다. 불원만리不遠萬里를 달려오느라 지친 수놈들은 짝짓기 후 바로 죽으며, 암놈은 산란철인 2~5월, 매달 초승달이 뜰 무렵에 700~1200만 개의 알을 낳은 뒤 죽는다.

어두운 밤을 견뎌야 밝은 아침을 맞는다고 했다. 알에서 나와 이제 막 조금 자란 씩씩하고 대찬 뱀장어 치어는 소용돌이치는 북적도 해류를 따라 서쪽으로 이동하다가 쿠로시오 해류로 갈아타고, 동아시아로 수천 킬로미터를 더 간 다음에 다시 쓰시마 해류에 실려 악전고투, 초주검이 되어서야 비로소 우리나라의 남해 연안에 도착한다. 하지만 연안에 다다를 때쯤에도 여전히 속살이 비치는 5~8센티미터의 어린 실뱀장어일 뿐이다. 그래도 몸 사리지 않고 가뿐히 강을 오른다. 정말 장하다! 참 고생들 했다. 거센 바람과 가파른 해류를 타고 자기를 낳아 준 어미, 아비의 고향 땅에 설레는 마음으로 제때 회류回流하니 귀소 본능이란 참 불가사의하다.

이렇게 힘들게 바다에서 강으로 돌아오는 뱀장어 치어를 강어귀에서 잡아 사료를 먹여 키운 것이 우리가 먹는 그 비싼 양식 장어이다. 민물과 짠물 양쪽에서 사는 힘든 생리적 요구 때문인지 예전에는 알을 부화시켜 성어를 길러 내는 이른바 '완전 양식'이 불가능했다. 그러다 보니 치어인 실뱀장어 값이 그야말로 천정부

지요, 금값을 웃돌았다. 하지만 근래에는 일본에서 까다로운 장어 양식에 성공하여 대박을 터뜨렸다고 하고, 우리도 일본에 이어 세계에서 2번째로 실뱀장어 양식에 성공했다는 소식이 있다. 그러나 뱀장어가 불벼락을 맞아 개체 수가 어마어마하게 줄어들어서 멸종 위기에 처한 동식물 적색 목록에 오르고 말았다. 물론 남획도 문제이려니와 나라마다 강에 댐들을 만들어 물길이 막혀 상류로 소강溯江하는 것이 불가능한 탓도 있다. 뱀장어여, 부디 천추만세千秋萬歲하라!

황새
여울목 넘겨보듯

황새는 황새목 황샛과의 대형 조류로 행복, 고귀, 고결, 장수를 상징한다. 소나무 위에 앉아 있는 멋쟁이라 송단松檀 황새 또는 관조鸛鳥라 불렀으며, 그림과 자수의 소재가 되기도 하는 등 옛날에는 황새가 흔했다. 그러다가 점점 그 수가 줄어 천연기념물 제199호로 지정해 보호하였으나 애석하게도 6·25 전쟁의 난리통에 혼쭐이 나고, 사나운 밀렵꾼들에게 번번이 날벼락을 맞아 어이없게도 모두 절멸되고 말았다. 최종 번식지였던 충청북도 음성의 마지막 한 쌍마저도 1971년 4월 수놈이 사살된 이래(경희대학교 자연사박물관에 표본으로 보관됨) 암놈 혼자서 번식하지 못하고 지내다가 1983년 창경원으로 옮겨졌으나 그나마 1994년에 죽고 말아 우리나라 황새는 영영 사라지고 말았다. 청천벽력도 유분수지, 원통하고 분통하고 절통할 일이다.

황새는 크게 동양황새[Ciconia boyciana]와 그와 같은 속이지만 종이 다른 유럽황새[C. ciconia]로 나뉜다. 동양황새는 몸길이가 약 112센티미터, 날개를 편 길이는 대략 2미터, 몸무게가 4.4~5킬로그램이나 된다. 길쭉한 부리와 날개깃 가장자리는 새까맣고, 흰 테를 두른 작고 까만 눈 가장자리와 턱 밑은 불그레하며, 긴 다리는 붉고 나머지 부분은 모두 하얗다. 이렇듯 흑색, 적색, 백색의 단아하고 수려한 조화를 이룬 황새는 다른 새들처럼 제대로 울지는 못한다. 대신 위아래 부리를 탁탁 부딪쳐 소리를 낸다.

목을 길게 빼서 무엇을 기웃기웃 은근히 엿보는 모양을 일러 "황새 여울목 넘겨보듯" 한다고 하는데 황새 모가지가 긴 것은 알아줘야 한다. 공중을 날 때는 목과 다리를 쭉 뻗으며 부리를 약간 아래로 내린다. 백로나 왜가리 등의 왜가릿과 새들이 목을 S자로 구부리며 나는 것과 구별된다. "뱁새가 황새 따라가다 가랑이 찢어진다."고 힘에 부치는 일을 억지로 하면 도리어 해만 입고 만다. 그러니 너 나 할 것 없이 안분지족安分知足하도록 하자.

황새는 겨울에 우리나라를 찾아오는 겨울 철새로 몇 년 전만 해도 늙고 병든 황새 한 마리가 월동을 하고도 번식지로 돌아가지 못하고 천수만에서 여름을 나고 있는 것이 확인된 적이 있었다. 러시아 아무르 지역 등지에서 번식기를 제하고는 단독 생활을 하지만 3~4월에 서로 짝을 짓는다. 둥지 틀기는 전적으로 수놈의 몫으로, 소나무나 은행나무 등 높은 나무 꼭대기에 나뭇가지로 접시 모양의 집을 짓고 풀이나 지푸라기를 깐다. 둥지 틀기가 만만치 않아 가끔은 지난해의 헌 집을 고쳐서 다시 쓰기도 하며, 흰색의 알을 2~6개 정도 낳아 32~35일간 암수가 서로 번갈아가며 품는다. 물고기, 개구리, 지렁이, 곤충, 쥐, 뱀이나 다른 새의 새끼, 떨어진 낟알 등 식물성 먹이도 먹는 잡식성이다. "황새 올미 주워 먹듯"이라는 속담은 음식을 잘 주워 먹는다는 뜻으로 쓰는 비유적 표현인데, 여기서 '올미'란 택사과澤瀉科의 여러해살이풀로 무논이나 연못 가장자리에 잘 난다. 또 "황새 조알 까먹은 것 같다."라는 말은 너무 적어서 양에 차지 않거나 명색만 그럴싸하지 실속이 없는 경우를 비유적으로 이르는 속담이다. '황새'라는 이름은 '크다'는 뜻의 순우리말 '한'과 '새'의 결합에서 비롯되었을 것으로 본다.

일본, 중국, 러시아, 연해주 남부 및 우리나라에 살았으나 그들을 대수롭지 않게 여긴 탓인지 일본과 우리나라에서는 어느덧 씨가 마르고 말았지만, 그나마 다행히도 중국과 러시아 등지에는 아직도 3000여 마리가 남아 있다고 한다. 그래도 절멸 위기라 세계자연보전연맹IUCN의 적색 목록에 올랐다. 배가 차면 느긋하게 심기일전하여 머리와 가슴을 채울 생각을 하는 것이 사람의 본능이다. 일찌감치 일본은 황새를 인공 부화시켜 한껏 수를 늘려서 자연에 풀어놓아 마침내 2007년에 자연 상태에서도 새끼치기에 이르렀다고 한다. 그 뒤에도 여러 마리가 가을에 중국 남부로 날아갔다가 다음 해 봄에 돌아오는 데 성공했다고 한다.

남이 하는 대로 무턱대고 자기도 하겠다고 따라나서는 주책없는 행동을 비유하여 "학이 곡곡 하고 우니 황새도 곡곡 하고 운다."고 하지만, 우린들 못할쏘냐. 모름지기 상큼한 소식이란 이런 걸 두고 하는 것이리라! 우리도 부리나케 시동을 걸었으니, 우리 황새의 마지막 서식지였던 충북 음성군에서 가까운 청원군에 위치한 한국교원대학교가 황새 복원 계획을 수립했다. 그리하여 1996년부터 러시아에서 새끼 황새를 2마리 들여온 것을 시작으로 지금은 무려 96마리의 황새를 보유하기에 이르렀다고 한다. 그런데 애석하게도 뒷감당은 힘이 부치는 모양이다. 이제는 황새 복원 센터가 포화 상태라 오히려 번식을 억제하기에 이르렀다는 것. 작년만 해도 20여 마리가 더 태어날 예정이라 어미가 품고 있는 알 4~5개 중에 2~3개를 가짜 알로 바꿔치기까지 했다고 한다.

멸종을 걱정하더니 도대체 왜 그러느냐고? 그들을 자연으로 돌려보내는 데에는 많은 애로가 있다. 한마디로 지금의 복원 계

회은 이러지도 저러지도 못하는 진퇴양난이다. 어딜 가든 사람과 자동차가 만원인데 어디에다 조용히 황새 보금자리를 지으며, 농약이나 제초제 안 뿌리는 논 미꾸라지를 어디서 찾겠는가. 황새 몇 마리 때문에 대대손손 정붙이고 산 농토를 내어 달라고 할 수도 없지 않은가. 녹록치도 않고 호락호락하지도 않아 애 키우기보다 훨씬 힘든 황새 치기다! 하지만 천만다행이다. 충청남도 예산군 광시면에 드디어 '황새 마을'이 들어선다고 한다. 황새야, 마음껏 훨훨 날아라!

엉덩이로 밤송이를
까라면 깠지

밤나무 밑에 벌렁 드러누우면 반짝거리는 홍갈색 밤이 사람의 눈길을 끌기에 저도 모르게 덥석 손길이 간다. 매혹적이라고나 할까? 놈들은 그렇게 "제발 날 물어가 주소." 하고 자기 과시를 하고 있는 것이다. 알고 보면 녀석들이 산토끼, 다람쥐, 청설모 등의 눈에 쉽게 띄어서 오물오물 양껏 먹고 남거나 물고 가다 그만 놓친 것 몇 톨로 종족 보존을 하겠다는 심산인데, 그래서 밤나무에 그렇게 많고 많은 아람이 열리는 것이리라! 때가 되면 밤송이는 저 혼자 헤벌쭉 벌어져 흔들지 않아도 아람이 저절로 낙하한다. 그러나 입을 꽉 다문, 자위 뜨지 않은 설익은 것은 두 발을 모아 힘껏 짓눌러야 '빡' 소리 내며 밤알이 톡 볼가져 나온다.

　밤송이에 얽힌 속담도 많다. "엉덩이로 밤송이를 까라면 깠
지."는 시키는 대로 고분고분 할 일이지 웬 군소리냐고 우겨 대
는 말이고, "밤송이 우엉 송이 다 끼어 보았다."는 별의별 뼈아프
고 고생스러운 일은 다 겪어 보았다는 뜻의 속담이다. 성미가 몹
시 급해 앞뒤 안 가리고 마구 덤비는 사람을 가리켜 "밤송이째로
먹을 사람"이라 하고, "가시한테 찔려야 밤 맛을 안다."는 고생

스럽게 힘을 들여야 일의 보람을 찾을 수 있다는 뜻이다. "소 잡은 터전은 없어도 밤 벗긴 자리는 있다."라는 말은 나쁜 일이면 조그마한 것일지라도 잘 드러나게 마련이라는 의미가 담겨 있다.

밤나무[Castanea crenata]는 참나뭇과의 낙엽 교목으로 산기슭이나 밭둑 같은 마른 땅을 좋아하고, 세계적으로 13품종이 있다. 우리나라에서 재배하는 품종은 우리 재래종을 개량한 것이거나 일본 밤이다. 밤나무와 참나무 무리[Quercus]와는 아주 가까워 총 중에 상수리나무 잎과 밤나무 잎은 꼭 빼닮아 구별이 힘들고, 겨울에도 끝내 마른 잎을 매달고 있어, 잎자루의 끝자락이 다음 해 움틀 앳된 어린 동생 싹을 보호하는 것까지도 유사하다. 잎은 바소꼴이고 잎 둘레에는 날카로운 톱니가 물결 모양으로 띄엄띄엄 나 있다.

밤나무는 암수한꽃으로 6월 중순 무렵에 개화하는데, 수꽃은 동물 꼬리 모양의 긴 꽃이삭에 여럿이 붙었고, 암꽃은 그 아래에 2~3개가 매달린다. 밤꽃은 다른 식물들이 다 그렇듯이 아무 때나 냄새를 풍기지 않으며, 벌이 올 수 있는 시간대에만 향기를 피운다. 꽃향기도 애써 만들어 낸 에너지 덩어리라 함부로 뿜어 버리지 않는 법. 그런데 그 밤꽃에서 사람의 느끼한 정액精液 향이 진동하는 것은 둘 다 양향陽香이라고도 부르는 스페르민spermine이란 성분이 들어 있기 때문이다. 벌은 그 향긋한 내음을 맡고 멀리서 허위허위 찾아든다.

그런데 요상하게도 개량종 밤톨을 심으면 산밤나무, 감 씨를 심으면 고욤나무, 귤 씨를 심으면 탱자나무, 배 씨를 심으면 돌배나무가 난다. 옳거니! 밤송이는 산밤나무를 품었었고 홍시는 고욤나무를 안고 있었구나. 야생종 밑나무에 개량종 가지를 접하니 야생 대목은 마땅히 억세고 강해 뿌리를 쭉쭉 멀리 뻗어 물과 거름을 세차게 빤다. 과수를 접붙이는 까닭이 바로 여기에 있다. 그런데 어찌하여 씨알 굵은 개량종 씨를 심었는데 야생종 대목들이 불쑥불쑥 튀어나오는 걸까? 감을 예로 들면, 우리가 먹는 과육果肉은 씨방이 부푼 것이고, 씨는 안의 밑씨가 자란 것이다. 단감, 대봉 따위의 개량감은 고욤나무의 가지 하나가 갑자기 돌연변이를 일으켜 달고 큰 것이 생긴 것으로 이를 '가지변이'라 하며, 그런 가지를 접붙여 그들의 특성을 내내 이어간다. 씨방은 돌연변이로 달착지근하고 주먹만 하게 변했지만 밑씨는 초지일관 고욤이라는 야성을 그대로 대물림하는 것이다.

밤은 9~10월에 익으며, 다 자란 밤송이는 지름이 2.5~4센티미터이고 풋밤은 흰색이지만 점점 짙은 갈색으로 익는다. 열매는 밤송이와 단단한 과피果皮로 싸인 견과堅果이고, 우리가 먹는 부위는 떡잎에 해당하며, 그 안 한구석에 다음에 어린 식물이 될 씨눈이 끼어 있다. 보통 밤송이 하나에는 외톨, 형제, 삼남매가 대부분이지만 많게는 오남매가 든 것도 있다. 밤은 쓰임새도 가지각색이라 날것으로도 먹고 굽거나 삶기도 하며, 꿀이나 설탕에 졸이거나 과자와 빵, 떡, 아이스크림 등의 재료로도 쓴다. 밤나무는 철도침목, 건재, 가구, 세공, 칠기, 위패, 장승 등의 원목으로 널리 쓰고, 쓰임새로 불량한 것은 버섯 재배에 돌린다.

요컨대 엉뚱하고 치기 어린 호기심과 장난기가 창조성이요, 과학성인 것이렷다. 이 글을 쓰면서 동그스름한 밤송이 하나에 밤 가시가 대체 몇 개나 될까 하는 생각이 언뜻 든다. 그래서 책을 찾아보니 밤송이 하나에 평균 3500개의 가시가 빼곡히 나 있다고 한다. 야, 참 많기도 하구나! 입을 다물지 못하겠다. 밤 가시는 워낙 빽빽하고 빳빳하게 성깔이 있어, 밤송이로 쥐구멍을 틀어막으면 그 철옹성엔 쥐새끼도 얼씬 못한다.

제사상에는 조율이시라, 대추 다음에 야문 겉껍질과 텁텁한 속껍질을 벗기고 각이 지게 깎은 주판알 꼴의 생밤이 자리한다. 어째서 밤을? 제일 윗길의 대추가 후손이 지린다는 다산多産을 상징한다면 아랫길의 밤은 좀 다르다. 다른 나무 열매는 새끼 나무를 길러 내고 나면 그만 폭삭 삭아 버리지만, 씨 밤알은 후손 대궁이가 한참 커서도 썩지 않고 오래오래 고스란히 남는다. 하여 제사상의 생률은 모름지기 '조상의 뿌리'를 기억하자는 의미가 담겨 있다고 한다. 적이 그럴듯한 해석이로다! 또 제사상에 밤을 올리는 것은 밤알은 보통 3개가 들어 있어 그것이 최고 관직인 우의정, 영의정, 좌의정을 상징하는 것으로 여겨 후손이 큰일을 하기를 바라는 마음이라고도 한다.

군밤 한 알 먹을 때도 한 톨에 허리 한 번씩 굽혀 주운 것임을 잊지 말지어다. 필자도 많이 해 본지라, 이 글을 쓰면서도 허리 끝이 뻐근해 오는구나. 한 방울의 물에 천지의 은혜가 스며 있고 한 톨의 곡식에 만인의 노고가 담겨 있다. 아참, 빠뜨릴 뻔했군! 일단 밤을 주우면 바로 물에 푹 담가서 밤 속에 든 밤나무혹벌 나부랭이들의 알이나 애벌레를 질식시켜 죽여야 한다. 물론 그놈들도 다 살고자 하는 생명들이나 애써 주운 우리도 달큰한 밤 맛은 봐야 할 것 아닌가. 게다가 그놈들은 밤나무에 큰 피해를 입히는 해충이니 너무 미안해할 것도 없도다!

원앙이
녹수를 만났다

적합한 배필을 만났을 적에 "원앙이 녹수綠水를 만났다." 하고, 둘의 관계가 가까워서 서로 떨어지지 않을 때 "녹수 갈 제 원앙 가듯" 한다 하며, 의좋은 원앙처럼 남녀가 부부가 됨을 "원앙오리 한 쌍"이라 하고, 홀아비나 홀어미의 외로운 신세를 빗대어 "짝 잃은 원앙"이라거나 "짝 잃은 기러기 신세"라고 한다. 그런데 왜 원앙은 이렇듯 금슬 좋은 부부를 상징하는 새가 되었을까? 오리 무리는 다른 새들에 비해 일부일처를 지키니 멋쟁이 원앙 부부도 한번 짝을 맺으면 별 탈 없이 한평생을 다정하게 같이 살기 때문이다. 그래서 결혼식에 원앙이 등장하고, 중국이나 우리나라에서 부부애와 신의를 상징하는 새로 여긴다. '잉꼬 부부'도

사이좋은 짝을 뜻하는 말인데, 잉꼬いんこ는 앵무새의 일종을 이르는 일본말이므로 마땅히 사용을 자제해야 한다.

기러기목 오릿과의 새인 원앙(Aix galericulata)은 원앙이 또는 원앙새라고 부르기도 한다. '새 중의 새'라 불러도 손색이 없는 새로, 몸길이는 41~49센티미터이고 날개를 편 길이는 65~75센티미터가 되며, 수놈의 몸색깔이 암놈보다 훨씬 화려하다. 다윈은 이렇게 수놈의 겉모습이 암놈보다 더 아름다운 것을 성 선택이라고 했으니, 멋지게 잘생기고 건강한 유전자를 가진 수놈이라야 암놈을 여럿 차지하고 제 DNA도 더 많이 퍼뜨린다는 말씀! 사람이나 짐승이나 못생긴 녀석은 눈길 한번 못 받고 퇴짜 맞기 일쑤이니 귀담아들어 둘 대목이다.

원앙 수놈의 겉모습을 보고 휘황찬란하다 해도 되겠지만, 필자는 그보다는 고아高雅하고 단아端雅하다고 생각한다. 붉은 부리, 늘어진 댕기와 크고 또렷한 검은 눈알과 눈 둘레의 흰 테, 턱에서 목 옆면에 이르는 주황색 깃털, 위로 올라간 선명한 부채꼴의 너부죽한 주황색 날개깃까지 이 모두가 어우러진 조화로운 기품은 정녕 눈부실 정도로 멋있다. 커다란 은행잎 모양의 깃털을 떡하니 양쪽 날개에 차고 있는 녀석이라니! 그 잘 만져 곱게 꾸민 아름다운 치장을 어찌 몇 마디 필설로 고스란히 그려 낼 수 있겠는가. 필자의 필력 부족 때문만은 아니리라. 한편 척추동물의 수놈들이 암놈보다 덩치가 크고 번듯하게 잘생긴 것을 이차 성징二次性徵이라 하는데, 이는 건강한 유전자를 가진 암놈을 꼬드기려는 것이요, 암놈들도 이런 건강한 수놈을 짝으로 찾는 데 갖은 신경을 쓰니 이 또한 성 선택이다.

원앙은 전국의 산간 계류에 서식하는 텃새이나 일부는 중국에서 겨울을 나려고 날아오는 것들도 있다 하며, 4∼8마리가 활엽수 울창한 계류나 길차게 자란 숲속, 깨끗한 연못 등지에서 생활한다. 이른 새벽녘과 해질 무렵에 먹이를 찾는데 도토리를 가장 좋아한다고 한다. 다슬기나 작은 민물고기, 곤충, 새끼 뱀도 잡아먹고, 겨울에는 나무 열매, 풀뿌리, 씨앗 등의 식물성 먹이도 먹는다. 4월 하순부터 7월에 걸쳐 강가의 큰 나무 구새통이나 커다란 나뭇등걸 밑, 우거진 풀밭에서 새끼를 친다. 한배에 9∼12개의 알을 낳아 28∼30일 동안 순전히 암놈이 품으며, 알에서 깨어나면 소담스러운 어린 새끼들이 어미 뒤에서 한 줄로 졸졸 어미를 재우치며 따라다닌다. 할금할금 사방을 둘러보며 헤엄치는 모습이 얼마나 아름답고 평화로운지 모른다! 너구리, 수달, 올빼미, 뱀 등이 원앙의 천적이지만, 그 멋진 겉모습 탓에 박제를 하겠다고 날뛰는 밀렵꾼이 가장 위험한 천적이다. 이렇게 멸종 위기에 처한지라 부랴부랴 천연기념물 제327호로 지정하여 보살피고 있는 형국이고, 세계적으로 겨우 4000여 마리밖에 남지 않은 희귀종이 되고 말았다. 우리나라 말고도 일본, 중국, 러시아 동부에도 퍼져 산다.

그런데 지금까지 이야기한 것과는 좀 딴판인 이야기를 하겠다. 결론부터 말하면 독자들이 너무 놀라거나 원앙에 배신감을 느낄 듯하여 우선 서론부터 시작한다. 멸종을 눈앞에 둔 침팬지도 종족 보존에 여러 문제가 도사리고 있다고 한다. 자연 상태에서는 암놈 한 마리가 여러 마리의 수놈과 교접하여 서로 다른 유전 형질을 가진 새끼를 낳음으로써 사뭇 종족의 적응가適應價를 잔뜩 높이는데, 동물원에선 근친 교배로 오롯이 동일 형질의 새끼들만 태어난다. 때문에 걷잡을 수 없는 돌림병이 느닷없이 돌거나 예기치 못한 환경 변화라도 일어나는 날에는 자칫 고스란히 떼죽음을 당하는 망조가 들 수 있다.

좀 더 이해를 돕기 위해 식물이나 가축에서도 단일 재배單一栽培가 얼마나 위험한가를 살펴보자. 단일 재배란 한곳에 같은 종의 동식물만 여러 해 동안 기업적으로 모아 키우는 것을 말한다. 한때 감자마름병으로 아일랜드에 기근飢饉이 들어 수많은 사람이 굶어 죽고 미국 등지로 이민을 가는 일이 벌어진 적이 있었다. 단한 종의 감자만 심은 것이 탈이었다고 한다. 그리고 근래 우리나라에서도 난리가 났던 구제역口蹄疫이나 조류 인플루엔자도 같은 맥락의 이야기다. 수천수만 마리의 돼지나 닭을 우리에 집어넣어 키우다 보니 그런 일이 벌어지는 것이다. 따라서 여러 종을 섞어 심거나 키우는 다종 재배多種栽培가 좋다는 것은 두 말할 필요가 없다.

이제 본론으로 돌아와서, 필자가 독자들이 놀라고 배신감을 느낄 것으로 언급한 이야기를 하겠다. 다종 재배가 단일 재배보다 번식과 생존에 더 유리한 것은 원앙에게도 예외 없이 적용되는 자연의 이치라는 것이다. 아직 무슨 말인지 감이 안 오는가? 다시 말하면, 다부진 암놈 원앙이 여러 수놈에게 씨를 받음으로써 여러 형질의 새끼들을 얻어 불리한 환경에서도 살아남을 확률을 높인다는 것이다! 금슬 좋기로 이름난 원앙 새끼들의 유전자 검사를 해 보았더니 놀랍게도 40퍼센트 정도가 아비의 유전자와 달랐다고 한다. 아니? 그 금슬 좋은 암놈 원앙이 서방질을 했다니! 하지만 절대 우스갯소리로 듣거나 역겹다고 여길 일이 아니다. 그 까닭은 위에서 침팬지와 감자 등의 경우로 이야기했으니 더 이상 말하지 않겠다. 차마 대놓고 말하기 그렇지만, 어디 사람인들 그런 말초적이고 본능적인 그 무엇이 없다고 당당히 말할 수 있겠는가? 암놈 원앙에게 돌을 던질 수 있는 자, 있으면 나와 보라!

짝 잃은 거위를
곡하노라

필자는 기러기 이야기만 나오면 국어 시간에 배웠던 오상순의 수필 「짝 잃은 거위를 곡하노라」(범우사)가 생각난다. 다음은 그 글의 처음 부분의 일부이다.

내 일찍이 고독의 몸으로서 적막과 무료의 소견법消遣法으로 거위 한 쌍을 구하여 자식 삼아 정원에 놓아기르기 십 개 성상星霜이러니 금하今夏에 천만 뜻밖에도 우연히 맹견의 습격을 받아 한 마리가 비명에 가고 한 마리가 잔존하여 극도의 고독과 회의와 비통의 나머지 음식과 수면을 거의 전폐하고 비 내리는 날, 달 밝은 밤에 여윈 몸 넋 빠진 모양으로 넓은 정원을 구석구석 돌아다니며, 동무 찾아 목메어 슬피 우는 단장곡斷腸曲은 차마 듣지 못할러라. 죽은 동무 부르는 제 소리의 메아리인 줄은 알지 못하고 찾는 동무의 소린 줄만 알고 홀연 긴장한 모양으로 조심스럽게 소리 울려오는 쪽으로 천방지축 기뚱거리며 달려가다가는 적적무문寂寂無聞, 동무의 그림자도 보이지 않을 때 또다시 외치며 제 소리의 울려오는 편으로 쫓아가다가 결국은 암담한 절망과 회의의 답답한 표정으로 다시 돌아서는 꼴은 어찌 차마 볼 수 있으랴. (후략)

오호통재嗚呼痛哉라! 슬프도다! 거위의 단현斷絃이 저리도 서럽고 슬플진대, 잠시 왔다 훌쩍 떠나는 인생에서 필자의 한평생 애인으로, 친구로, 간호사로 살아온 아내와 필자 중에 누가 먼저인 줄은 몰라도 창졸지간倉卒之間에 밤도둑처럼 느닷없이 맞닥뜨려 짚불처럼 사그라질 것을 생각하니 가슴이 에이고 아프고 미어진다. "마누라가 아프면 남편은 고프다."고 했고, "곯아도 젓국이 좋고 늙어도 영감이 좋다." 했는데 말이지. 4가지의 궁한 처지에 있는 사람을 뜻하는 '사궁四窮'이란 말이 있다. 늙은 홀아비, 늙은 홀어미, 부모 없는 어린아이, 자식 없는 늙은이를 통칭하는 말로, 곧 환과고독鰥寡孤獨이다.

"기러기 불렀다."는 사람이 멀리 도망가 버렸음을, "기러기 한 평생"이란 철새처럼 떠돌아다녀 고생이 장차 끝이 없을 생애를 비

유적으로 이르는 관용어이다. 또 "물 없는 기러기"라거나 "짝 잃은 기러기"란 홀아비나 홀어미의 몹시 외로운 신세를 이르는 속담들이다. 그리고 기러기를 한자로는 안雁, 홍鴻, 또는 홍안鴻雁이라 하며, 기러기는 아득히 먼 곳을 오가는 새라 멀리서 전해 온 반가운 편지를 '안서雁書'라고 한다. 암놈과 수놈의 사이가 좋다 하여 전통 혼례에서는 '목안木雁'을 전하는 의식이 있으며, 또 다정한 형제처럼 일사불란하게 줄지어 날기 때문에 남의 형제를 높여서 '안항雁行'이라 부른다. 요새 와서는 자녀 교육을 위해 오매불망하면서 가족이 멀리 떨어져 사는 일이 다반사라 '기러기 아빠'란 말도 생겨났다. 한편 기러기처럼 거꾸로 읽어도 같은 뜻이 되는 단어나 말을 '회문回文'이라고 한다. 토마토, 실험실, 다시마, 기름기, 일요일, 아시아, 스위스, 역삼역, madam 따위의 낱말이나, 여보안경안보여, 다시합창합시다, 아좋다좋아 등의 여러 글귀가 있다.

우리나라 기러기속에는 큰기러기, 큰부리큰기러기, 쇠기러기, 흰기러기, 개리 등 일가뻘 되는 것들이 5종 있다. 큰부리큰기러기는 몸집이 크고 부리가 가늘고 길며, 쇠기러기는 덩치가 좀 작다. 흰기러기는 몸이 하얗고, 개리는 이마에 흰색 띠가 있다. 여기서는 큰기러기[Anser fabalis]를 통해 기러기들의 특성을 알아보자. 큰기러기는 기러기목 오릿과에 속하며, 몸길이가 83센티미터 정도로 암수 모두 흑갈색이며, 부리는 검정색이나 끝에 노란 띠가 있고 다리는 주황색이다. 유라시아 북부, 시베리아, 툰드라 지대에서 번식하고, 한배에 4~5개의 하얀 알을 낳아 25~30일쯤 암놈이 품는다. 이때 수놈은 둥지 주변에서 경계를 게을리하지 않고 지킨다. 보리나 밀의 푸른 잎이나 버려진 낟알, 지푸라기에 붙은 벼 이삭, 잡초 씨앗 등을 먹으며, 강이나 저수지의 하구나 농경지, 갯벌, 호수 등 시야가 확 트인 곳에서 지낸다.

큰기러기는 우리나라에 찾아오는 기러기 중 쇠기러기 다음으로 흔한 겨울 철새로 전국에서 볼 수 있으며, 무리 동물로 휴식 중에도 한두 마리는 늘 깨어 있어 은근슬쩍 경계하고 감시하면서 보초를 선다. 위험이 닥치면 기겁하여 부랴부랴 모조리 함께 자리를 박차고 날아오르며 또랑또랑한 소리를 내지른다. "기러기 가면 제비 오고, 제비 오면 기러기 간다."고 10월 하순에 찾아오기 시작하여 이듬해 3월이면 벌써 북쪽으로 떠난다. 습지와 물가에서 먹이를 찾고, 쉴 때는 한쪽 다리로 서서 머리는 뒤로 돌려 깃에 파묻는다. 이동할 때는 무리를 이끈 경험이 많은 기러기를 선두로 하여 V자 모양으로 줄지어 날아가며, 공기의 저항을 가장 많이 받아 제일 힘든 맨앞의 길잡이 자리는 새새 제각각 들락거린다. 아무튼 철철이 한 철도 안 빠지고 그 먼 수천 리 길을 매서운 바람에 가쁜 숨 쉬어 가며 몇 날 며칠을 걸려 어떻게 찾아가는지는 도저히 설명할 수도, 이해할 수도 없는 신비로운 미스터리다.

그렇다면 기러기와 거위는 어떤 관계인가? 영어로 야생 기러기를 wild goose나 bean goose라 하는데, 이 야생 기러기를 길들이고 개량하여 집에서 기르는 날짐승이 바로 거위[Anser domesticus]다. 거위 품종에는 유럽계와 중국계가 있으며, 유럽계는 회색기러기를 개량한 것이고, 중국계는 개리를 개량한 것이다. 청둥오리를 원종原種으로 개량한 것이 집오리이듯이 말이지.

이 원수는 결코 잊지 않겠다,
와신상담

중국 춘추전국시대 때 오吳나라 왕 합려闔閭는 월越나라로 쳐들어 갔다가 전쟁에서 패하고 화살에 맞아 중상을 입었다. 합려는 죽음을 예감하고 아들 부차夫差를 불러 자신의 원수를 갚아 줄 것을 유언으로 남겼다. 오나라 왕이 된 부차는 아버지의 유언을 잊지 않으려고 일부러 장작더미 위에서 잠을 자며 방 앞에 사람을 세워 두고 출입할 때마다 "부차야, 아비의 원수를 잊었느냐!"라고 외치게 하였다. 이토록 밤낮없이 복수를 맹세하던 부차는 은밀히 군사를 훈련시켜 때가 오기만을 기다렸다. 이 사실을 안 월나라 의 왕 구천句踐은 선제공격을 감행했다. 그러나 월나라 군사는 복수심에 불타는 오나라 군사에 대패하여 회계산會稽山으로 도망을 갔다. 오나라 군사가 포위하자 진퇴양난進退兩難에 빠진 구천은 부차에게 신하가 되겠다며 항복을 했고, 부차는 구천의 뜻을 받아들이고 귀국을 허락했다. 구천은 오나라의 속국이 된 고국으로 돌아와 항상 곁에다 쓸개를 두고 더없이 쓴 그 맛을 보며 회계산의 치욕을 상기했다. 그리고 밭 갈고 길쌈하는 농군이 되어 은밀히 군사를 훈련시키며 절치부심切齒腐心 복수의 기회만을 노렸다. 그로부터 20년이 흐른 뒷날 구천은 오나라를 쳤고, 그 전쟁에서 이겨 부차를 굴복시키고 마침내 회계산의 굴욕을 씻었다.

'와신상담臥薪嘗膽'은 자신에게 패배를 가져다 준 원수를 잊지 않고 반드시 갚겠다는 비장한 모습을 나타낸 고사성어로, 땔나무 위에서 잠을 자고, 쓰디쓴 쓸개를 핥으며 원수 갚기를 잊지 않음을 뜻한다. 한쪽은 와신臥薪하고 다른 쪽은 상담嘗膽하여 복수를 꾀했으니, 이렇게 오나라와 월나라는 서로 물고 물리는 견원지간犬猿之間이었던 것이다. 그래서 오나라 사람과 월나라 사람이 한 배에 타고 있다는 뜻의 '오월동주吳越同舟'라는 말도 생겼다. 이는 원수가 외나무 다리에서 만난 것과 같은 형국의 매우 위태로운 상황을 의미하기도 하지만, 한편으로는 원수지간임에도 서로 도와 협력하여 위기를 벗어난다는 뜻도 담겨 있다.

이제 와신상담의 쓸개(담낭)를 살펴보자. 자기 이익을 위해 이랬다저랬다 하는 것을 가리켜 "간에 붙었다 쓸개에 붙었다 한다." 하고, 몹시 놀라 섬뜩함을 "간담肝膽이 서늘하다."거나 "간담이 떨어지다."와 같이 표현한다. 이 같은 말에서도 간과 쓸개는 아주 가까이 이웃하고 있음을 알 수 있다. 쓸개는 내면의 점막에 가로와 세로로 가느다란 정井 자 주름이 져 있고, 길이는 약 7∼10센티미터 정도로 간 아래쪽에 붙어 있으며, 간에서 만들어져 분비되는 쓸개즙(담즙)을 6∼10배 정도로 농축하고 약 50밀리리터 정도 저장하는 일을 한다. 쓸개가 이자액의 일부와 인슐린을 합성하는 것은 요즘에야 알려진 역할이다. 또한 쓸개는 본디 무척추동물에는 없고 척추동물에만 있는데, 그중에서도 말, 사슴, 코끼리, 낙타, 고래, 물개, 집비둘기 등에는 없다.

간에서 생성된 쓸개즙은 이자액과 함께 쓸개관을 지나 C자 모양의 십이지장 유두乳頭로 나간다. 쓸개즙은 주로 지방의 소화를 도우며, 음식을 먹기 시작하여 30분 내에 쓸개를 불끈 짜서 모두 방출한다. 그런데 담석증으로 쓸개를 떼어 낸 필자는 쓸개즙이 시도 때도 없이 줄줄 흘러 내려가 음식이 없는 텅 빈 창자를 자극하니, 특히 대장이 많이 상한다 하여 대장 내시경을 자주 한다. 까짓것, 어쩌랴. 큰맘 먹고 '담대膽大'하게 살아 보려 하지만 명줄이 달린 일이라 그리 쉽지 않군. '담대하다'를 직역하면 '간이 크다'로, 겁이 없고 배짱이 두둑할 때 쓰는 말이렷다.

쓸개와 관련된 가장 흔한 질병은 담석증인데, 담석은 쓸개관에서 생기기도 하지만 주로 쓸개주머니에서 발생한다. 담석 증상이 심하거나 급성담낭염과 같은 합병증이 발생하면 쓸개를 제거한다. 그러나 쓸개를 떼어 냈다고 해서 담석증이 끝나지는 않는다. 병이란 다 체질에 따른 것이라, 필자의 간에선 여전히 별똥별처럼 잔뜩잔뜩 쏟아 내니 돌덩어리가 쓸개관을 틀어막아 복통으로 떼굴떼굴 구른다. 내시경을 입에서 식도, 위를 지나 십이지장유두로 쑤셔 넣어 쓸개관의 돌들을 갈퀴질하듯 쓱쓱 끌어 내린다. 경기가 날 정도로 걷잡을 수 없이 아프니 입술을 깨물고 꾹참는다. 죽을 맛이란 말은 이런 때 쓰는 것이리라. 하여 이제는 담석을 녹이는 약을 삼시 세 끼 꼬박꼬박 먹으니 지금껏 수년을 아무 탈 없이 손 놓고 지내 살판났다. 의약이 날 살려 주었다! 감지덕지하다. 어디 불사불멸不死不滅의 약은 없나?

그런데 쓸개즙은 무슨 색일까? 피는 두개골, 척추, 골반 등 우리 몸속의 큰 뼈다귀에서 만들어지고, 그것이 120여 일간 살고 나면 죽어 파괴되고 만다. 수명이 다한 적혈구의 헤모글로빈hemoglobin은 간과 지라에서 분해되어 빌리루빈bilirubin이 되는데, 쓸개즙은 빌리루빈 농도가 아주 짙기에 초록색이지만 옅으면 누르스름한 색이 된다. 빌리루빈을 설명하는 데에는 황달黃疸이 제격이다. 쓸개즙이 쓸개관을 타고 술술 내려가지 못하고 몸 안에서 빙글빙글 도는 것이 황달이요, 그래서 얼굴이나 눈 흰자위, 피부가 누르스름한 똥색이 된다. 다쳐 피멍이 들었을 때도, 처음엔 퉁퉁 부으면서 검푸르렀던 멍울이 며칠 지나면 가라앉으면서 누르스름해지지 않던가. 그러고는 대식 세포大食細胞가 야금야금 먹어 치우니 멍이 말끔히 사라진다. 인체는 신비롭다!

빌리루빈도 그냥 두면 독성을 띠기에 생기는 족족 서둘러 배설해야 한다. 간이나 지라에서 적혈구 분해로 생긴 이것이 간, 쓸개관, 샘창자로 내려간 것은 대변으로 나가고, 콩팥, 방광, 요도를 거친 것은 소변으로 나간다. 다시 말해서 적혈구의 추깃물이 빌리루빈이요, 그것이 대소변의 색깔을 이룬다. 땀을 많이 흘린 날은 소변이 유난히 샛노란 것도 빌리루빈의 농도가 짙어졌기 때문이다.

재주는 곰이 부리고
돈은 주인이 받는다

사실 이런 토막글 하나를 쓰더라도 전문 서적에서 속담 사전까지 "곰 가재 뒤지듯", "곰 설거지하듯" 해야 하니, 누구 말처럼 글 쓰는 일은 '자기를 파먹는 일'로 말 못 할 어려움이 따를 때가 많다. 곰은 우리뿐만 아니라 일본 원주민, 서양 사람들도 신성한 동물로 여겨서 신화에도 자주 등장한다. 신화란 그 시대의 여러 자연, 사회현상을 원시적인 인생관과 세계관에 따라 설명한 것으로 역사, 과학, 종교, 문학 등의 요소를 담고 있다. 단군 신화에 곰, 호랑이, 마늘, 쑥이 등장하는 것도 그 시대의 여러 상황을 반영하는 것이다. 그때 그 시절에 곰이 많았고, 그들이 둔하면서도 참을성이 있다는 것을, 마늘과 쑥이 사람 몸에 좋다는 것도 이미 체득

하고 있었으리라.

곰은 식육목 곰과의 포유동물로 8종이 세계적으로 현존하고
있다. 그중 북극곰은 육식이고, 중국의 판다는 대나무 잎만 먹는
초식성이며, 나머지 6종은 잡식성이다. 둥근 귀와 긴 코에 굵고
짧은 다리와 구부릴 수 없는 발가락이 5개 있으며, 사람처럼 발
바닥을 땅에 붙이고 뚜벅뚜벅 걷고, 부숭부숭한 털과 짤따란 꼬
리에 앙바틈한 몸을 가지고 있다. 일반적인 경우보다 큰 곰은 무
려 750킬로그램에 달한다고 하는데, 그 큰 덩치로 달리기도 잘하
고 나무도 잘 타며 헤엄도 잘 친다. 사람처럼 앉기도 하고 서기도
하며, 길들이면 한 다리로 서서 뛰는 깨금발도 한다. 설핏 사나워
보이지만 천성이 수줍은 것이 경거망동하지 않으니, 특별한 경우
가 아니면 고개 꼬고 눈만 희번덕일 뿐 사람에게 해코지하지 않
는다.

곰은 털색을 기준으로 백곰, 흑곰, 갈색곰으로 나뉜다. 그중
갈색곰 무리가 지능이 높아 학습이 잘 된다. 돈 버는 사람 따로
있고 쓰는 사람 따로 있다고, "재주는 곰이 넘고 돈은 주인이 받
는다." 하니 세상에 이런 억울한 일이 어디 있담. 그리고 백곰은
흰 눈밭에서 살기에 보호색으로 털은 희지만, 털 밑의 살갗이 검
은색이라 햇볕을 모아 체온을 올리는 역할을 한다.

우리의 반달가슴곰[Selenarotos thibetanus ussuricus]을 살펴보자. 가

습에 하얀 반달무늬를 가진다 하여 영어권에서는 moon bear나 white-chested bear라고 부른다. 온몸이 번지르르 광택이 나는 검은색이며, 몸길이가 약 1.9미터로 앞가슴에 반달 모양 또는 V자 모양의 뽀얀 띠무늬를 가지고 있다. 반달무늬는 개체변이가 많아서 아주 큰 것과 작은 것, 드물게는 이 무늬가 아예 없는 개체도 있다고 한다. 잡식성이어서 도토리, 곡식, 풀, 과일, 풋솔방울, 버섯은 물론이고 곤충, 애벌레, 가재, 벌, 꿀, 새알까지도 먹는다. 11월에서 이듬해 3월 중순까지 줄곧 얕은 풋잠을 자면서 추위와 씨름하며 굴에서 나오지 않는다. 월동 중에는 제 발바닥을 핥으며 아무것도 먹지 않을 뿐만 아니라 똥오줌도 누지 않는다. 2004년에는 우리나라 토종 반달곰과 유전자가 같은 러시아산 반달곰을 6마리 들여와 지리산에 풀어놓았다. 지금은 그 수가 훌쩍 늘어 총 25마리가 넘는다고 한다. 부디 '지리산 반달가슴곰 복원사업'이 성공하여 강원도 설악산에도 산양은 물론이고 반달곰도 옛날 제자리를 찾았으면 한다. 강원도청과 강원대학교의 상징 동물이 반달가슴곰이기에 하는 말이다.

곰과 관련된 속담으로 "곰의 발바닥 같다."라는 것이 있는데, 곰의 발바닥처럼 몹시 두껍다는 뜻으로, 고집이 매우 세고 철면피인 사람에게 하는 말이다. 그리고 "재수 없는 포수는 곰을 잡아도 웅담熊膽이 없다."라는 것도 있는데, 이렇듯 곰은 쓸개 때문에 죽어난다. 웅담은 곰의 쓸개를 말린 것으로 황갈색 혹은 흑갈색으로 야물고 맛은 매우 쓰며, 성분은 쓸개즙으로 쓸개즙 분비 촉진, 경련을 다스리는 진경鎭座, 통증을 누그러뜨리는 진통 등에 쓰인다.

쓸개 이야기가 나오니 내가 담석증으로 고생했던 일이 떠오른다. 허참, 그 일이 벌써 십수 년이 지났구나. 앞서 '와신상담' 이야기에서 쓸개와 담석증에 대한 설명을 하며 필자의 담석증 수술 이야기를 잠깐 했었다. 의학적이고 과학적인 설명은 거기서 했으니 이번에는 내 생생한 경험담을 풀어 보겠다.

극심한 복통에 시달리다 "똥 주워 먹은 곰 상판대기"로 응급실에 실려간 적이 있었다. 진통제를 맞고 퇴원했으나 별 소용이 없어 다시 병원을 찾았더니 결국 담석증이란 진단을 받았다. 배 가운데를 딱 10센티미터 갈라 쓸개관에 든 엄지손톱만 한 돌 2개를 들어냈는데, 놀랍게도 30여 년간 자란 것이란다. 그것들이 시도 때도 없이 꿈틀거려 복통을 일으켰으니, 이 곰퉁이는 위염이려니 또는 위경련이려니 하고 제산제를 먹거나 진통제를 먹었다. 등신이 따로 없다.

의사는 내 몸에서 담석을 꺼내고, 간을 만지며 쓸개도 들여다봤다. 그런데 맨눈으로 봐도 쓸개가 좀 농한 것을 알고는 내 허락 없이 싹둑 잘랐으니 졸지에 나는 그만 '쓸개 빠진 놈'이 되고 말았다. 회복실에서 나와 정신을 차리고는 의사의 설명을 들었다. "최 원장, 내 간도 봤을 텐데 어떻던가요?" 갑작스러운 내 질문에 의사와 집사람 간에 오가는 눈치가 수상했다! 의사는 잠시 뜸을 들이다 한숨을 크게 내쉬면서 말하기를, "사실대로 말씀드리겠습니다." 하더니만 "처장님, 간은 아주 깨끗했습니다."라고 이야기했다. 술을 자주 마셨던지라 집사람이 '간도 좀 좋지 않더라고' 말해 달라는 부탁을 했던 것. 오죽하면 그런 꾀를 냈을까.

미련한 사람을 비유적으로 "곰의 재주"라 표현하고, 곰을 잡기 위해 곰의 앞가슴에 창을 대고 지긋이 밀면 곰이 창을 내밀지 않고 자기 쪽으로 잡아당겨 창에 찔려 죽는다는 데서, 사람됨이 우둔하고 미련하여 스스로 자신을 해치는 행위를 함을 비유적으로 "곰 창날 받듯"이라 하는데, 술이란 것이 내 가슴을 찌르는 창인 줄도 모르고 그렇게 마셔 댔다. 하여간 "미련한 사람이 곰 잡는다."고 하니 누가 뭐래도 우둔한 곰을 닮아 볼 것이다.

원숭이 낯짝 같다

중국 춘추전국시대 송나라에 저공狙公이 살았다. 그는 원숭이를 많이 기르고 있었는데 하루는 식량이 동이나 사람도 짐승도 먹을 것이라곤 도토리밖에 없었다. 그래서 저공은 원숭이들에게 말하기를 "앞으로 너희들에게 주는 도토리를 아침에 3개, 저녁에 4개朝三暮四로 하겠다."고 말하자 원숭이들은 불뚝성을 내며 아침에 3개를 먹고는 배가 고파 못 견딘다고 하였다. 그러자 저공이 "그럼 아침에 4개를 주고 저녁에 3개朝四暮三를 주겠다."고 하자 원숭이들은 매우 좋아하였다.

이 고사에서 연유한 '조삼모사朝三暮四'는 눈앞의 이익만 알고 결과가 같은 것을 모르는 어리석음을, 또는 얕은 잔꾀로 남을 속여 농락함을 비유하는 말이 되었다. 그리고 "원숭이 달 잡기"라는 관용어는 원숭이가 물에 비친 달을 잡으려다가 빠져 죽는다는 데서, 사람이 제 분수에 맞지 않게 행동하다가 화를 당함을 이르는 말이다. 아무리 능숙한 사람이라도 간혹 실수할 때가 있음을 일러 "원숭이도 나무에서 떨어진다."고 하고, 술을 많이 마셔 얼굴이 붉게 된 사람을 두고 "원숭이 낯짝 같다."거나 "원숭이 볼기짝인가."라고 한다.

원숭이란 영장류 중에서 사람을 제외한 동물을 일컫는 일반적 호칭인데, 그들 중에 긴 꼬리를 가진 것을 monkey, 꼬리가 없는 것은 ape라고 한다. monkey는 세계적으로 260종이나 되고, ape는 사람과 아주 가까운 침팬지, 고릴라, 오랑우탄, 기번(긴팔원숭이)이 속한다. 그중에 오랑우탄(*Pongo pygmaeus*)은 말레이시아 어로 '숲 속의 사람'이란 뜻이라는데, '성성이猩猩-'이라고도 부르며, 전 세계에서 유일하게 보르네오와 수마트라 섬에 산다. 한때는 동남아시아 중심부에서도 살았으나 밀렵이나 서식지 파괴로 거의 사라졌다가 지금은 이 두 곳에 남아서 명맥을 유지하고 있다고 한다. 썩 영리하여 정교한 도구도 다룰 줄 알고, 나뭇가지나 나뭇잎으로 집도 근사하게 지으며, 나무 위에서 사는 전형적인 수상 동물樹上動物이다. 긴 앞다리와 갈고리 닮은 손을 가지고 있어서 느긋하게 이 나무 저 나무를 타고 다니면서 주로 열매를 따 먹고 살지만 나무의 잎이나 줄기, 곤충까지도 잡아먹는다. 다른 영장류와 다르게 혼자 지내는 독거 생활을 하다가 발정기에만 암수가 잠깐 만난다.

오랑우탄 암수는 성적으로 확연히 달라 다 자라면 암놈은 키 127센티미터에 몸무게 45킬로그램 정도인 데 비해, 수놈은 175센티미터, 118킬로그램에 팔 길이는 2미터에 달한다. 사람도 그렇지만 고등 동물일수록 수놈들이 덩치가 큰 것은 암놈과 새끼를 보호하고, 넓은 터를 누려서 많은 먹이를 차지하기 위해 적응한 결과이다. 이를 이차 성징이라고 하는데, 그래서 오랑우탄 수놈은 암놈에 비해 아주 우람한 자태를 뽐내며 기다랗고 윤기 나는 적갈색 털이 온몸을 뒤덮는다. 또한 기름기 찬 불그스레한 양쪽 볼이 불룩이 부풀어 오르고, 목 밑에 소리주머니가 발달하여 큰 소리를 지를 수도 있다. 그러나 일반적으로 오랑우탄은 아주 조용한 동물로 특별한 경우에만 고함을 지른다. 이러한 이차 성징은 암놈에게 모든 준비가 완료됐다는 신호를 보내는 것으로, 열두 살에서 열네 살에 이르러 성적으로 완전히 성숙된다. 임신 기간은 275일이고, 단 한 마리의 새끼를 낳아 어미가 기르며, 3년 후에 다시 임신한다.

동물원에서 한 우리에 사는 대장 수놈은 졸개 수놈에게 중뿔

나게 헤살을 놓고 몽니를 부리며 버럭버럭 위협하고 공격해 대니, 함께하는 졸개 수놈들은 하나같이 덩치가 암놈 정도로 작고, 행동이 다부지지 못한 얼간이로 보인다. 그런데 이 어리보기 수놈들이 결코 유전적 잘못으로 생긴 난쟁이가 아니요, 그렇다고 못 먹어 영양실조로 생장이 지지부진한 것도 아니다. 모든 것이 정상인데도 덩치가 작을 뿐이다. 하지만 거기에도 다 꿍꿍이속이 있다. 일종의 진화론적인 작전으로, 짐짓 아랫자리 수놈들의 거짓 속임수라는 것! 몸집을 줄임으로써 먹이를 적게 먹어도 견딜 수 있으니 생존에 유리함은 물론이고, 머리를 잔뜩 조아리며 바보 얼간이 행세를 하니 윗자리 대장의 타박과 구박을 자연스레 피할 수 있는 것이다. 이 얼마나 영리한 생존 전략이란 말인가! 그러면서도 이 간살맞은 놈들이 암놈과의 짝짓기도 대장 못지않게 한다는 것이다. 이렇듯 여느 동물이나 제 씨를 많이 퍼뜨리기 위해서는 별의별 작전을 다 쓴다.

필자가 십수 년 전 말레이시아로 관광을 갔을 때 이야기다. 키나발루Kinabalu 바위산을 올라갔다가 내려와 시내 관광을 하였다. 안내원이 어느 사원으로 끌고 가더니만, 입구에서 땅콩을 한 봉지씩 사란다. 영문도 모르고 그것을 사 들고 산굴山窟 닮은 곳으로 올라가는데, 이런! 원숭이 놈들이 막무가내로 두 눈을 모들뜨고 달려들어 스스럼없이 땅콩 봉지를 낚아채는 게 아닌가. 이미 넉넉히 먹어 양 볼따구니가 풍선처럼 불룩하였으면서도 말이지. 다람쥐와 햄스터도 그렇지만 원숭이들도 이렇게 볼주머니에다 일단 먹이를 채우고 안전한 곳으로 가 토악질하여 곱씹어 먹는다. 햄스터는 위험한 일이 벌어지면 그 볼주머니에 새끼를 넣고 총총히 도망가기도 한다. "원숭이 이 잡듯" 생물들을 샅샅이, 깊숙이 파고들면 영락없이 당최 믿기지 않는 이런 기기묘묘하고 적이나 놀라운 일들이 있음을 알게 된다. 배움과 앎의 기쁨이다!

뭣도 모르고
송이 따러 간다

"더불어 숲을 만든다."거나 "숲은 큰 나무 하나로 이뤄지지 않는
다."는 말이 있다. 호오好惡를 떠나서 버섯은 지구 생태계에서 분
해자의 몫을 톡톡히 할 뿐 아니라 지구에 사람은 없어도 아무 탈
이 없지만, 아니 오히려 사람은 없음이 되레 좋지만 버섯은 없으
면 큰일 난다. 썩어 문드러지는 것은 진정 좋은 것! 인간이 쏟아
내는 똥오줌이나 주검 따위가 썩지 않고 온통 길바닥에 흐드러지
게 널려 나뒹군다면 어쩔 뻔했나? 그래서 버섯을 '숲의 요정'이
라거나 '숲의 청소부'라 일컫는 것.

　식용 버섯이 많다지만 저마다 품격이 달라서 첫째는 송이버
섯, 둘째는 능이버섯, 셋째는 표고버섯, 넷째는 석이버섯으로 순

서가 있다. 그것들이 다 균류다. 그러나 석이버섯은 순수한 버섯이 아니고, 깊은 산골의 큰 바위에 붙어 사는 지의류地衣類인데, 이것은 균류와 조류藻類가 공생하는 잎 모양을 하는 엽상 식물葉狀植物이다. 이번 이야기의 주인공인 송이버섯[Tricholoma matsutake]은 담자균류 송이과 송이속의 균류로 종명인 *matsutake*는 일본어로 송이라는 뜻인데, 세계적으로 송이버섯의 대명사로 불린다. 이 종 말고도 같은 송이속의 것이 세계적으로 6~7종이 더 있다고 한다. 우리나라, 북한, 중국, 캐나다, 미국, 모로코, 타이완, 핀란드, 스웨덴 등지에 자생한다.

9~10월이면 잡목이 듬성듬성 난 수령 20~60년쯤 된 소나무들 아래, 솔잎이 가득 쌓인 눅눅하고 푸석푸석한 흙을 뚫고 송이가 앞서거니 뒤서거니 쑥쑥 올라온다. 적송림赤松林의 소나무 둘레에 고리 모양으로 함초롬히 젖은 머리를 수굿이 내미는데, 생육 조건이 까다롭기로 이름난 송이인지라 일조, 수분량, 온도가 알맞아야 한다. 낮 기온이 섭씨 26도를 넘지 않고 밤에는 섭씨 15도 아래로 내려가지 않는 해발 1000미터 내외 산의 7, 8부 능선에서 수두룩이 난다. 꼭 적송에서만 발생하는 것은 아니고 잣나무, 가문비나무에서 발생하기도 하며 활엽수 숲에서 발생하는 경우도 있다.

버섯 갓은 구형으로 보들보들하고 야들야들한 것이 처음엔 다

갈색의 질긴 섬유상의 인피靭皮로 싸여 있다. 그러다가 점차 안쪽으로 말려 있던 끝이 편평하게 펴지면서 지름이 8~25센티미터가 되며 가운데가 약간 봉긋해진다. 원통형인 버섯대의 길이는 5~15센티미터 정도로 위아래 굵기가 비슷하고 조직은 백색 육질로 치밀하며, 버섯만이 지닌 천연의 향기가 난다. 송이 특유의 은은한 향은 메칠신나메이트methyl cinnamate와 버섯 알코올이라고도 부르는 옥테놀octenol 때문이다.

특히 일본 사람들이 송이 고유의 그윽한 향과 깊은 감칠맛에 푹 빠져 송이에 죽고 못 산다. 일본은 재선충材線蟲 탓에 소나무가 전멸하다시피 하여 송이까지도 확 줄고 말았다. 그래서 일본에서 나는 송이로는 수요를 충당하기에 턱없이 부족해 여러 나라에서 마구 수입해 먹는다고 한다. 우리나라도 송이를 일본으로 많이 수출하는 나라 중의 하나로, 일부는 염장하거나 송이술, 통조림으로 갈무리한다. 송이는 솔잎과 같이 저장하여 독특한 향이 날아가는 것을 방지하고,

식재료로 쓸 때에도 아기 다루듯이 살살 흙만 건중건중 떨어내거나 흐르는 물에 살짝 씻는다. 신선도를 유지하기 위해 산소와 이산화탄소의 농도를 조절하기도 하는데 최적의 저장 조건은 산소 2.5퍼센트, 이산화탄소 5~10퍼센트, 습도 100퍼센트, 온도는 섭씨 1도라 한다. 가장 우수한 품질의 1등급 송이는 꼭지의 매끈한 피막皮膜이 갈라지지 않고, 자루가 굵고 짧아 살이 통통하며, 진한 향이 나고 색깔이 선명하며 탱탱한 것이다. 구이를 하거나 다른 고기와 함께 볶음, 찜, 전골, 산적 등 다양한 요리를 만들어 먹는다. 특유의 향과 맛만 일품이 아니라 항산화, 소염, 항암 등의 효과까지 있다고 한다.

　　갓 아래 벌어진 주름살에 담뿍 담긴

홀씨는 무색의 타원형이며, 포자

가 발아한 균사菌絲가 송근松根

에 달라붙으면 별안간

소나무 잔뿌리가 흑

갈색으로 변하면서

균근菌根을 잔뜩 형성하게 된다. 송이는 소나무 세근細根에서 양분을 흡수하지만 거꾸로 토양에서 각종 무기물을 흡수하여 소나무에 주는 공생共生을 한다. "가짜는 어디에나 있지만 공짜는 아무 데도 없다."는 말씀! 균사가 군데군데 부풀다가 2주일이면 지상에 나타나기 시작하면서 덩이를 이루니 이를 자실체子實體라 한다. 우리가 먹는 버섯은 하나같이 균사 덩어리인 것.

송이는 멀리까지 풍기는 은은한 향과 별난 맛 때문에 예부터 임금님 진상품에서도 윗길로 꼽혔으며, 깊은 산중에서 늘 푸른 소나무 밑에 몸을 숨기고 있어 '고고한 은둔자'란 별명이 있다. 『동의보감』에도 송이를 일컬어 고송古松의 송기松氣를 품은 버섯 중의 으뜸이라고 적혀 있다. 그런데 송이는 나는 곳에만 어김없이 계속 나기에 "송이 나는 터는 자식에게도 알려 주지 않는다." 고 할 정도로 귀하게 여기며, 눈에 불을 켜고 쥐 잡듯 해도 찾기가 어렵다.

일이 어떻게 돌아가는지도 모르고 무슨 일을 하려 한다는 뜻으로 "뭣도 모르고 송이 따러 간다."고 하는데, 실제로 송이는 사람의 음경陰莖을 쏙 빼닮았다. 동물들의 음경 또한 끝이 어린 송이 갓을 닮았으니, 그 또한 양물陽物을 암놈의 질膣에 쉽게 집어넣기 위한 것이다. 낙엽 덮인 흙을 뚫고 나오기 위해서는 마찰과 저항을 적게 받아야 하니 끝이 둥그스름한 것. 야문 맨땅에서 치

솟아 오르는 고사리순도 동그랗게 돌돌 말려 있고, 밭고랑의 흙을 떠밀고 올라오는 콩대가리도 미끈하고 둥글다. 어찌 되었든 송이는 이렇게 살아 있는 소나무에서 생기므로 다른 버섯들처럼 종균種菌에 의한 인공 재배를 여태 성공하지 못하고 있다. 이거 성공하면 떼돈 버는 건데!

사또 덕분에 나팔 분다

진문陣門을 크게 여닫을 때, 군대가 행진하거나 개선할 때, 능행에 임금이 성문을 나갈 때에 취주吹奏했던 것이 대취타大吹打이다. 뿐만 아니라 취악대吹樂隊 소리에 맞춰 근엄하게 이뤄지는 수문장 교대식 앞자리에서도 커다란 나팔을 닮은 고둥을 입에 물고 세차게 부는 것을 볼 수 있다. 징, 북, 장구와 더불어 이렇듯 나팔고둥이 한자리를 차지한다. 서양에서도 옛날부터 나팔고둥의 입 반대편 끝자락 부위를 조금 자르거나 구멍을 뚫어 트럼펫 대용으로 썼고, 예전에는 군대에서 나팔로도 썼다고 한다. 나팔고둥을 영어로는 triton shell이라 하는데, triton은 그리스 신화 속 바다의 신 포세이돈Poseidon의 아들 트리톤Triton에서 따온 것이다. 트리톤은 상반

신은 인간이고 하반신은 물고기 모양이며 큰 소라를 불어서 물결을 다스리는 신이다. 여기서 말하는 소라가 바로 나팔고둥이다.

나팔고둥은 연체동물 복족강腹足綱 수염고둥과에 속하며, 우리나라에는 나팔고둥[Charonia lampas sauliae]과 담색나팔고둥[C. l. macilenta] 2종이 있는데 학자에 따라서 후자를 하나의 변종變種으로 보기도 한다. 나팔고둥의 딱딱한 껍데기는 원뿔 모양이며, 황백색 바탕에 적갈색 무늬가 불규칙하게 퍼져 있다. 다 자라면 돌돌 말린 껍데기꼬임, 즉 나층螺層이 8층이 된다. 고둥을 입에 대고 힘껏 공기를 불어넣으면 뱅글뱅글 점점 굵어지는 8층의 관 안에서 공기의 진동이 일어나 나팔꽃 같은 나팔고둥의 입에서 멋진 소리가 난다. 트럼펫이 두 바퀴 반의 관을 통과하는 데 반해 나팔고둥은 여덟 바퀴나 돌면서 점점 소리가 커지게 된다. 그런데 아무렴 나팔고둥이 먼저 났지 트럼펫이 먼저 났겠나. 무슨 말인지 알 것이다. 나팔고둥을 흉내 낸 것이 바로 트럼펫이렷다!

"사또 덕분에 나팔 분다."란 사또와 동행한 덕분에 나팔 불고 극진한 대접을 받는다는 뜻으로, 남의 덕으로 당치도 않은 행세를 하거나 우쭐대는 모양을 이르는 것으로 "원님 덕에 나팔 분다."라고도 한다. 또 "사또 떠난 뒤에 나팔 분다."고 사또 행차가 다 지나간 뒤에야 나팔 불고 북 치고 있으니, 제때 안 하다가 뒤늦게 대책을 세우며 서두름을 핀잔하는 말이고, 술을 병째 들이 마실 때나 허풍을 떨거나 헛소문을 퍼뜨릴 때도 "나팔 분다."는 관용어를 쓴다.

나팔고둥 껍데기꼬임의 제일 아래 첫 층은 나팔 아가리처럼 아주 크며, 타원형의 입은 두껍고 둥근 모양의 키틴질 뚜껑이 막고 있다. 껍데기 속으로 들어가는 주둥이의 안쪽 면은 흰색이고 바깥쪽으로 나와 있는 입술은 두꺼우면서 나팔처럼 약간 벌어져 있다. 높이 22센티미터에 각경殼徑이 9.5센티미터로, 가장 큰 것은 30센티미터에 달하는 것도 있다. 암수딴몸으로 암놈은 캡슐 모양의 알을 덩어리로 낳고, 부화된 유생은 약 3개월간 플랑크톤 생활을 한다. 우리나라에서는 제주도 근방에서 채집된다. 일본과 필리핀 등 전 세계적으로 온대성과 열대성 바다에 주로 분포하는데, 특히 수심 20~30미터의 암초 지대에 서식한다.

식용 및 공예품으로 애용될 뿐만 아니라 모양이 매우 예뻐서 패류 수집가들에게 사랑받는다. 이 때문에 이제는 씨가 마를 지경이 되었다. 아뿔싸, 가인박명佳人薄命이라. 그런데 세상에 무서운 것이 없는 '바다 밑 주인'인 불가사리의 천적이 바로 이 나팔고둥이다. 나팔고둥과 불가사리의 싸움은 1시간 넘게 이어지는 수가 있는데, 종국에는 고둥이 불가사리에게 독을 쏟아부어 죽인다. 그다음에 생식소나 내장을 먹어 치우니, 불가사리 한 마리를 잡아먹는 데에 3시간이 채 걸리지 않는다고 한다. 하지만 워낙에

나팔고둥들이 중과부적衆寡不敵이라 바다는 여전히 불가사리 세상이다.

그래도 분명 불가사리의 천적은 나팔고둥이다. '천적'이란 태어나면서부터 정해진 운명적인 것으로, 우리말로는 '목숨앗이'라 부른다. 한데 천적 없는 생물이 세상에 있을까? 단언컨대 없다. 만물의 영장이라고 빼기는 사람에게도 천적은 있다. 어떤 사람이 어느 사람에게는 어쩐지 유독 결기 한번 부리지 못하고 비겁할 정도로 굽실거린다면, 바로 그 어느 사람이 어떤 사람의 천적인 것. 축구나 야구도 상대 팀이나 상대 국가에 따라 어쩐지 마뜩찮고 힘들게 느껴지는 수가 있듯이 말이지.

느닷없이 뚱딴지같은 소리를 해 본다. 과연 나의 천적은 누구며, 어디에 있을까? 언제나 적은 가까이에 있다. 따라서 나의 천적은 바로 나다! 사람은 누구나 선善과 악惡의 자아를 모두 가지고 있지 않나. 둘 중에 어느 놈을 잘 먹이느냐에 운명이 달렸다. 어깨에 까치집을 짓고 눈에 거미줄을 치더라도 털끝 하나 흔들리지 않고 좀스럽고 구차하지 않게 정심正心으로 살다 가리라. 바늘 끝만 한 허점이 있어도 황소 같은 업장業障이 든다고 하니까.

멸종 위기 야생종 1급으로 분류된 이 나팔고둥 또한 지구를 떠날 채비를 하고 있다. 이미 먹이 사슬이 줄줄이 요동치니 애먼 자연은 분기탱천憤氣撑天, 분하고 화딱지 난 마음이 하늘을 찌를

듯 북받쳐 올라 아우성이 빗발치는데, 멍청한 인간들은 저 죽는 줄도 모르고 홍소哄笑하며 꺼드럭거리고 있다. 자연에게는 사람이 아무짝에도 쓸모없지만, 사람에게는 자연이 절대적으로 필요하다. 그러나 이제야 만시지탄晩時之歎 한들 무슨 소용이 있으랴. 무위자연無爲自然인 것을!

호랑이가 새끼 치겠다

'용호상박龍虎相搏'이란 용과 범이 서로 싸운다는 뜻으로, 힘센 두 사람이 승패를 겨루는 것을 이르는 한자성어다. 범, 호랑이, 어흥이는 모두 널리 쓰이므로 다 표준어로 삼는다고 한다. 그래도 한자어 '호랑이虎狼-'보다는 순수한 우리말 '범'이 보다 정감이 가며, 어린아이의 말로 호랑이를 이르는 '어흥이'도 무척 살갑다 하겠다. 옛날에 어른들이 가볍게 농 삼아 욕할 때 "저 범 물어 갈 것"이라 했으나 별로 껄끄럽게 들리지 않았지.

없어서는 안 될 매우 요긴한 것을 일컬어 '범의 어금니'라 했다. 용맹하고 거침없는 호랑이는 예부터 우리 민족이 가장 우러러보는 산군자山君子요, 민화와 민담의 단골 소재이며, 호랑이 젖을 먹고 컸다는 후백제 시조 견훤의 설화부터 호랑이가 수풀을 헤치고 나오는 이발소 그림까지 우리 민족의 역사와 문화, 생활에 깊숙이 스며들어 있다. 옛날이야기는 으레 호랑이 담배 먹던 시절로 시작하고, "호랑이 굴에 가야 호랑이 새끼를 잡는다."는 속담도 있다. 이처럼 우리 옛 조상들은 호랑이를 산신령으로 섬겼고 이야기에도 자주 등장하며, 알비노albino인 백호白虎는 청룡靑龍, 주작朱雀, 현무玄武와 함께 신묘한 영물靈物로 여겼다. 호환虎患을 최고의 공포로 삼을 만큼 두려움의 대상으로 보았으나 늑대처럼 싫어하지는 않았다.

이사벨라 버드 비숍의 『한국과 그 이웃 나라들』에서도 사람과 호랑이의 영역이 겹쳐 일어나는 불행한 일이 허다하였음이 절절이 읽힌다. 원산元山의 한 마을에 비숍이 도착하기 전날 한 소년과 아기가 호랑이에게 물려가 마을 뒷산에서 잡아먹힌 이야기, 호랑이가 서울의 성 안에서 사살된 이야기, 호랑이가 사람을 계속 물어 가 버려진 마을 이야기도 실려 있다. 이처럼 호란虎亂은 도시와 농촌을 가리지 않고 곳곳에서 일어났다. 그러나 일제 강점기에 자행된 일제의 호랑이 토벌과 더불어 3년이나 이어졌던 6·25 전쟁의 포성砲聲에 결국 호랑이는 풍비박산하여 우리나라에서 그 자취를 감추고 말았다. 하여 이제는 "호랑이 없는 골에 토끼가 왕 노릇 하게" 되었고, 호랑이라 해도 콧방귀 뀌는 "하룻

강아지 범 무서운 줄 모르는" 세상이 되었다.

호랑이[*Panthera tigris*]는 식육목 고양잇과의 포유동물로 삼림, 갈대밭, 바위가 많은 곳에 살며 물가의 우거진 숲을 좋아한다. 몸에 있는 100여 개의 무늬는 이러한 서식처의 그림자나 긴 풀줄기를 닮은 것으로, 몸을 위장하는 데 도움을 주며, 털 아래 살갗에도 같은 무늬가 있다. 따라서 "호랑이가 새끼 치겠다."는 말은 호랑이의 생태를 잘 파악한 속담으로, 김을 매지 않아 논밭에 풀이 무성함을 꾸짖거나 비꼴 때 쓴다. 시베리아에서 인도네시아까지 넓게 퍼져 분포했으나, 현재는 수마트라 섬에만 호랑이가 생존하고 있고, 자바, 발리, 카스피 호랑이는 안타깝게도 멸종했으며, 보르네오 호랑이는 화석으로만 확인이 가능하다고 한다.

우리나라의 인왕산 호랑이는 세계에 생존하는 8아종 중에서 시베리아 호랑이에 속하며, 아무르 지역, 만주, 중국 북부에 분포하고 있다. 북한에는 7~8마리 정도가 분포하고 있는 것으로 추정된다. 덩치가 매우 커서 몸길이가 3.5미터나 되고, 암놈보다 더 큰 수놈은 몸무게가 평균 227킬로그램에 육박한다고 한다. 2005년 호랑이 센서스에서 아무르 지역에 아직 450~500마리 정도가 서식 중인 것으로 판명되었다고 하니, 우리나라에 우리 호랑이가 없을 뿐이지 아예 그 씨가 마르지는 않았다. 더불어 현재 전 세계적으로 약 3200마리가 남아 있는 것으로 추정하는데,

그중 1400여 마리가 인도에 분포하고 있어 인도에서는 아직도 호란이 심심찮게 일어나 많은 사람이 희생되고 있다고 한다. 참고로 아종이란 원래 같은 종이 서식처에 따라 조금씩 달라진 것으로, 동종이기에 서로 교잡이 가능하다.

호랑이는 수캐가 영역 표시를 하듯이 나무에다 오줌이나 항문선肛門腺의 분비물을 갈기며 소리도 내지른다. 또한 암놈의 오줌 냄새를 맡은 수소가 그렇듯 호랑이도 얼굴을 찌푸리면서 입을 크게 벌리니 이런 반응을 '플레멘 반응Flehmen Response'이라고 한다. 플레멘flehmening은 독일어로 윗입술을 감아올린다는 뜻이다. 소나 말 같은 발굽 동물인 유제류나 고양잇과의 여러 동물도 플레멘 반응을 한다. 한편 '베르크만의 법칙Bergmann's Rule'이라는 것이 있는데, 항온 동물은 같은 종일지라도 한대 지방에 살면 몸집이 크고, 열대 지방에 살면 몸집이 작다는 법칙이다. 또 알렌의 법칙Allen's Rule은 항온 동물에 있어 일반적으로 동일종의 개체가 한랭한 지역에서 생활하는 것은 귀, 입, 목, 다리, 날개, 꼬리 등의 돌출부가 짧아지는 경향을 보이는 현상을 말한다. 이 두 법칙은 모두 열의 발산을 줄이기 위해 나타난 현상이다. 열의 발산은 몸의 표면적에 따라 달라서 덩치가 커지면 몸의 총 표면적은 늘어나지만 부피에 대한 표면적은 상대적으로 줄어든다. 즉, 몸의 가로, 세로, 높이의 길이가 2배가 될 때 표면적은 4배로 증가하는 반면에 부피는 8배로 늘어난다. 따라서 한대 지방에 사는 시베리아 호랑이는 덩치가 크지만, 열대 지방에 사는 수마트라 호랑이는 아주 작다. 이는 사람도 마찬가지이다.

"호랑이 개 어르듯", "호랑이도 제 말 하면 온다.", "여우를 피해서 호랑이를 만났다.", "오뉴월 손님은 호랑이보다 무섭다.", "세 사람만 우겨 대면 없는 호랑이도 만들어 낼 수 있다.", "호랑이에게 물려 가도 정신만 차리면 산다." 등등 이들 호랑이에 관한 속담에는 옛사람들의 애증愛憎이 묻어 있다. 호랑이는

육중한 앞발을 한번 휘두르기 위해 오랜 시간 힘을 비축하며 호시탐탐虎視眈眈 기회를 엿본다. '호시우보虎視牛步'라고 호랑이의 예리한 관찰력과 소의 신중한 행보를 본받자. 그리고 보니 필자는 호랑이 걱정할 형편이 못 된다. 나이를 먹을 대로 먹어 이러지도 저러지도 못하는 "호랑이 꼬리를 잡은 셈"이 되고 말았다. '호사유피虎死留皮'요, '인사유명人死留名'이라 했는데, 이름 한 자 제대로 못 남기고 훌쩍 떠나게 생겼구나.

너 죽고 나 살자,
치킨 게임

수탉은 암탉과 달리 덩치가 크고 깃털이 예쁘며, 꽁지깃이 길고 다리에 예리한 싸움발톱(며느리발톱)이 있다. 볏도 아주 크고 꼿꼿하다. 이런 수탉들이 크게 으르지도 못하고, 서로 엇바꾸어 가며 상대를 치고받고 싸우는 모습에서 "닭 싸우듯"이라는 관용어가 생겼다. 실제로 수탉은 갈기 삐죽 선 대가리를 까닥거리며 상대를 조준하고는 푸드덕거리며 뛰어올라 뾰족한 싸움발톱으로 상대의 가슴팍을 내리치며 살벌하게 싸운다. 이처럼 수탉들이 죽기 살기로 싸우는 것은 대부분 서열 다툼을 하는 것이라고 한다. 필자도 어렸을 때 우리 수탉에게 고추장을 먹여 친구네 닭과 싸움을 붙여 보곤 했었지. 죽기 살기로 밀고 밀리는 싸움박질 끝에 힘에 부치는 놈이 갑자기 몸을 돌려 줄행랑을 친다. 그러고는 덤불이나 짚가리 틈새에 막무가내로 대가리만 처박는다. 재우쳐 뒤쫓던 놈은 대가리만 숨은 놈의 등짝에 올라타서 목을 길게 빼고는 "꼬끼오" 하고 한 곡조를 뽑았더랬지. 그 이상의 굴욕이 따로 없다. 모름지기 힘을 키워야 한다. 아무튼 한번 붙으면 너 죽고 나 살자고 끝장을 보고야 마는 놈들이다.

한때 서양에서 치킨 게임Chicken Game이라는 것이 있었다. 1950년대 미국 젊은이들 사이에서 유행했던 위험 천만한 놀이인데, 한밤중에 도로 양쪽에서 2명의 경쟁자가 차를 몰고 정면으로 돌진하다가 핸들을 꺾는 사람이 지는 게임으로, 핸들을 꺾은 사람은 겁쟁이chicken로 몰려 명예롭지 못한 사람으로 취급받았다. 물론 어느 한쪽도 핸들을 꺾지 않을 경우 둘 다 승자가 되지만, 결국 양쪽 모두 자멸하게 된다. 1950~1970년대 미국과 소련 사이의 극심한 군비 경쟁을 꼬집는 용어로 차용되면서 정치학 용어로도 굳어졌다.

달걀은 흰색인 것과 갈색인 것이 있는데 털색이 흰 어미닭이 흰 알을 낳고, 갈색 것은 갈색 알을 낳는다니 알의 색도 엄마를 닮는다. 엄마 품은 제2의 자궁이라 드디어 어미가 알을 안는다. 죽음을 마다 않고 시련의 시간을 모질게도 견뎌 내는 파리하게 빛바랜 어미는 몸이 축나 털도 빠지고 초췌하기 그지없다. 똥을 누기 위해 잠깐 자리를 비우는 것 말고는 맨입으로 옹송그려 눌러앉아 있다. 모정이 뭐람? 매사 "암탉이 알을 품듯" 최선을 다하라고 타이르는 이유가 여기에 있다. 지루함에 몸부림치며 틀어안기를 꼬박 21일 동안 계속하고 나면 둥지 안에서 마침내 새 생명의 소리가 들려온다! 찬연한 설렘이다. 어머님 은혜는 백골난망白骨難忘이로소이다. 알을 깨는 아픔 없이는 새 생명의 탄생도 없다. 병아리는 안에서 부리로 알을 쪼고, 어미는 새끼 소리를 알아채고 밖에서 알을 쫀다. 병아리의 부리 끝에는 노란 원뿔 모양의 딱딱한 돌기인 난치卵齒가 있어 그것으로 껍질을 깬다. 모름지기 서로 함께 힘을 합쳐야 큰일을 이루는 법! 그렇다! 닭은 두 번 태어난다. 닭이 알을 낳고, 알이 닭을 낳지 않는가. 부활절 달걀의 의미를 알듯 말듯 하구나.

삐악삐악 울며 어미를 졸졸 따라다니는 병아리 떼! 불현듯 공중에 솔개가 나타나면 순식간에 어미 품으로 달려든다. 어미는 언제나 긴장하여 사납기 짝이 없다. 저녁때면 어리를 열어 싸라기를 흩어 주어서 어미 닭과 병아리들을 안으로 끌어들인다. 밤공기가 차가워지면 어느새 모두가 어미 가슴팍에서 고개만 쏙 내밀고 있으니, 이렇게 어미 가슴에서 자란 병아리라야 나중에 새끼 치송을 잘한다. 사랑도 받아 봐야 줄 줄도 안다는 말. 인공적으로 알을 부화시키기 위한 장치인 부란기孵卵器에서 깨인 것들은 새끼 거천을 하지 못한다. 한편 암탉에게 알을 안길 때 오리나 꿩의 알을 안기기도 하는데 그래도 암탉이 어미로 각인刻印되어 쫄쫄 따른다.

몹시 어지럽고 무질서하게 널려 있는 것을 두고 "닭이 헤집어 놓은 것 같다."고 한다. 뒷밭에서 닭들이 땅을 온통 파헤치고 있는데, 암놈 4~5마리를 거느린 수탉은 고개를 치켜들었다 돌렸다 두루 살피며 한시도 경계의 끈을 늦추지 않는다. 그러다간 암탉 곁에 가서는 날갯죽지를 쫙 펴 빙그르르 암놈을 감고 돈다. 사랑의 표시다! 암놈들은 땅을 파 제치고는 그 안에 들어앉아 다리로 흙을 파 올려 전신에 뒤집어쓰고 있으니, 이것이 흙 목욕이다. 아마도 그렇게 해서 몸에 기생충이 달려드는 것을 막는 듯. 그런데 아무리 봐도 수놈이 암놈을 쪼는 일이 없다. 물론 암놈이 달려드는 일도 결코 없지만. 이것이 의초로운 닭의 금슬이다. 옛날 전통 혼례에 닭 한 쌍이 상 가운데 자리에 떡하니 버티고 있었던 까닭이 여기에 있다. 아마도 원앙을 산 채로 잡을 수만 있었다면 그 자리에 원앙이 앉아 있었으리라.

그런데 암탉이 울면 어떻게 된다더라? 집안이 망한다고 한다. "초저녁 닭이 울다."란 일의 앞뒤와 이치도 모르고 마구 행동할 때를 말하는데, 사람들은 재수없다고 그놈을 그냥 두지 않고 잡아먹는다. 그러나 새벽닭은 몸속에 생물 시계가 있어 틀림없이

제 시간에 홰를 치면서 운다. 사람이나 닭이나 캄캄한 어둠에서는 송방울샘에서 멜라토닌melatonin이 많이 분비되어 잠이 들지만 동틀 무렵, 여명에 여린 빛을 받아 멜라토닌 분비가 줄어들면 잠에서 깨게 된다.

닭들에게 모이를 주면 힘센 놈이 약한 것들을 쪼면서 다 차지하려 든다. 이리하여 위계질서, 계급이 바로 서니 이를 '모이 쪼아 먹는 차례'라 한다. 한번 정해진 서열은 평생을 가니, 서로 싸움하여 에너지를 소비하지 않는다는 점에서 생존에 유리한 짓이다. 그런데 수탉도 별수 없이 새대가리라 커다란 사각 거울을 앞에 놔둬 보았더니만 그 속의 것이 자기라는 것을 모르고 그놈과 싸움질을 하더란다. 옛날이야기 중에 한양 갔다 온 남편이 거울을 사다 줬더니 아내가 그 속의 여인을 질투하여 남편을 닦달한 것과 뭐가 다를까마는. 참, 그리고 보니 앞에서 자기의 천적은 바로 자기라 했지!

'새삼스럽다'는 말을 만든 것은 '새삼'이 아닐까?

식물이면서 다른 식물에 빈대 붙어 천연덕스럽게 떵떵거리며 살아가는 별난 녀석이 있으니 새삼이나 실새삼 같은 완전 기생 식물이다. 새삼[Cuscuta japonica]은 메꽃과에 속하는 한해살이 덩굴 식물로, 전 세계의 온대, 열대 지방에 100~170종 남짓 분포한다. 우리나라에는 새삼, 실새삼[C. australis]이 옛날부터 자생해 왔으나 요즘 콩이 외국에서 많이 수입되면서 같이 들어온 귀화 식물인 미국실새삼[C. pentagona]이 아주 널리 퍼져 흔하게 볼 수 있다고 한다. 보통 dodder라 부르는 이 식물을 서양에서는 마귀창자Devil' s guts, 마귀머리털Devil' s hair, 마귀곱슬머리Devil' s ringlet 따위로 부르며, 숙주 식물宿主植物을 오른쪽으로 감아 오른다. 누르스름하거나 황갈색인 굵은 철사 모양의 덩굴이 다른 식물을 칭칭 휘감으며, 줄기 지름은 1.5밀리미터 정도로 흔히 자갈색 반점이 퍼져 있다. 나무에 기생뿌리를 박고 기생하면서도 일부 광합성을 하는 반기생 식물인 겨우살이와는 다른 별종別種이다.

이들은 누가 봐도 정상적인 식물이 아니다. 숙주 식물에 찰싹 들러붙어 돌돌 사리고 올라가는 덩굴 식물로, 이파리는 퇴화하여 2밀리미터 정도의 비늘 모양을 할 뿐이며 광합성을 하는 엽록소가 숫제 없다. 한데 시치미 뚝 떼고 빌붙어 사는 주제에 하얗고 작은 꽃을 8~10월에 이삭 모양으로 여러 개 모아 피우는 꽃식물이다. 꽃잎 5장, 수술 5개, 암술 1개, 암술머리가 2개인 종자식물로, 열매는 열매 속이 여러 칸으로 나뉘고 각 칸에 많은 씨가 들어 있는 삭과이고, 종자는 지름 4밀리미터로 달걀 모양이다. 익으면 들깨만 한 흑갈색의 종자가 많이 열리는데 토사자兎絲子라 부르며 약재로 쓴다. 무척 딱딱하며 흙속에서 5~10년을 거뜬히 견딘다고 한다.

씨앗 발아는 다른 식물들의 것과 다르지 않아 처음엔 뿌리줄기가 모두 생기지만 완전 기생하기에 발아 후 5~10일 안에 숙주 식물을 만나지 못하면 바로 죽어 버린다. 하지만 숙주를 만나 자리를 잡으면 이제까지 임시로 쓰던 뿌리를 서슴없이 냉큼 잘라 버리고 만다. 진정 새삼스럽고 흥미진진한 녀석이다! 눈 가리고 술래잡기를 할 때 두 팔을 벌려 무작위로 들입다 더듬거리듯이 발버둥치다가 드디어 옆에 토마토 같은 숙주 식물의 줄기에 간신히 닿았다 하면 단박에 숙주 식물의 줄기를 내리 친친 감는다. 혹시나 예전부터 할금할금 흘겨보고 있었던 건 아니었을까?

그러고는 감은 줄기에서 생긴 현미경적인 가짜 뿌리를 숙주 식물의 줄기 관다발에 틀어 박아 양분과 물을 빼앗는다. 그런 주제에 꽃피우고 씨까지 맺는다니 이런 기찬 일이 어디 있담? 주로 칡이나 쑥, 자주개자리, 아마亞麻, 토끼풀, 토마토, 국화, 달리아, 담쟁이, 피튜니아 등이 숙주이며, 이따금 얽힌 줄기가 투망을 치듯 숙주를 마구 덮쳐 급기야 여지없이 말려 죽이는 수가 허다하다. 제가 살기 위해서 남을 죽여야 하는 험한 세상이기는 거기나 여기나 매한가지다.

미국의 과학 잡지 『사이언티픽 아메리칸*Scientific American*』 2012년 5월호를 보면 '식물이 냄새를 맡는다!'라는 제목으로 새삼의 생태를 새삼스럽게 다루고 있다. 과연 식물끼리 서로 냄새나는 휘발성 화학 물질을 분비하는 것일까? 연거푸 실험해 본 결과 새삼은 절대로 빈 화분이나 가짜 식물을 심은 화분 쪽으로는 자라지 않았다. 반드시 토마토가 심어진 화분을 향해 줄기를 뻗었다. 새삼이 토마토 냄새를 맡는 것일까? 그래서 밀폐된 새삼 화분과 밀폐된 토마토 화분 사이에 작은 관을 이어 봤더니만 역시 새삼은 토마토 냄새를 맡고 그쪽으로 자라더라는 것! 냄새가 자극이 될 것이라는 가설을 확인하기 위해 토마토 줄기에서 추출한 즙을 면봉에 묻혀 새삼 옆에다 세워 봤더니만 역시 그쪽으로 성장하더란다. 또 왼쪽엔 새삼의 숙주 식물이 아닌 밀 화분을, 오른쪽에는 토마토 화분을 놓았더니 역시 숙주 식물인 토마토 화분 쪽으로 굽어 가는 것을 볼 수 있었다.

한편 버드나무 한 그루가 나방 애벌레에게 해를 입으면 가까이에 있는 다른 버드나무에는 나방 애벌레가 얼씬도 하지 못하는데, 이는 벌레에 해를 입은 나무가 다른 나무들에게 조심하라고 경고하기 위해 페로몬 물질을 공중으로 날렸기 때문이다. 그러면 신호를 받은 버드나무들은 서둘러 나방 애벌레가 싫어하는 페놀phenol이나 타닌, 또는 애벌레의 성장을 억제하는 물질을 잎사귀에 듬뿍 만들어 나방 애벌레가 접근하지 못하도록 한다. 그런가하면 어떤 식물들은 자기에게 해를 끼치는 곤충이 달려들면 덜컥 잎을 축 처지게 하여 곤충이 좋아하는 성분을 쭉 빼 버리기도 한다. 이때에도 주변의 제 친구 식물들에게 위험 신호를 냄새로 알린다. 이처럼 서로 뻔질나게 냄새로 의사소통을 하는 식물에는 미루나무, 단풍나무, 오리나무, 보리, 산쑥 등으로 알려져 있다.

최근의 또 다른 실험을 보면 라이머콩Lima bean은 딱정벌레들이 달려들면 냄새를 내뿜는 것은 물론이고, 꽃에다 딱정벌레를 잡아먹는 곤충이 좋아하는 꿀물까지 담뿍 만든다고 한다. 이거 정말 어안이 벙벙하다. 어쩜 식물이? 냄새를 풍기는 것도 신기하지만 후각 신경이 없으면서도 냄새를 맡고 말귀까지 알아듣는다니……. 다른 식물들 이야기가 조금 길었는데 이처럼 새삼도 냄새를 맡고 숙주 식물을 찾는단다. 식물이라고 얕보지 말지어다.

국어 사전을 보니 '새삼스럽다'의 정의를 "이미 알고 있는 사실에 대하여 느껴지는 감정이 갑자기 새로운 데가 있다거나 하지 않던 일을 이제 와서 하는 것이 보기에 두드러진 데가 있다."라고 풀이하고 있을 뿐이다. 확실하지 않지만 '새삼스럽다'는 말이 딴 식물들과는 생판 다른 새퉁스럽고, 새롭고, 생뚱맞은 이들 새삼의 특이함에서 비롯되지 않았나 싶다.

한편 완전 기생 식물인 새삼의 열매 토사자는 간과 신장을 보호하고 눈을 밝게 하며 뼈를 튼튼하게 해 준다고 한다. 더불어 허리 힘을 세게 하고 당뇨병 치료에도 효과가 있으며, 놀라울 정도로 기력과 정력을 새롭게 해 준다고 하니, 이 또한 '새삼스러운' 일이라 하지 않을 수 없구나!

쥐구멍에도
볕 들 날 있다

아무리 비밀스럽게 한 말이라도 반드시 남의 귀에 들어가게 된다
는 뜻으로 "낮말은 새가 듣고 밤말은 쥐가 듣는다."고 하고, 궁지
에서 벗어날 수 없는 처지를 "독 안에 든 쥐"라 하며, 부끄럽거나
난처하여 어디에라도 숨고 싶을 때 "쥐구멍을 찾는다."라고 한
다. 또 아주 교활하고 잔일에 약삭빠른 사람을 속되게 이를 적에
'쥐새끼'라 한다. 쥐는 무엇보다 남다른 생존력과 왕성한 번식력
을 지닌 다산多産의 동물로, 지금으로부터 약 3600만 년 전 아시
아에 제일 먼저 나타났는데, 남극과 뉴질랜드를 제외하고 세계
방방곡곡에 서식한다. 개체 수도 많아 포유류의 약 3분의 1을 차
지하고 종류도 무려 1800종에 달한다.

가지 많은 나무에 바람 잘 날 없다지만, 그래도 자식 많은 집안이나 나라가 창성昌盛한다. 중국과 인도를 보라. 우글우글 천덕꾸러기로 여겼던 씨알들이 곧 국력이렷다! 필자가 평소 수업 시간에도 "아들딸 구별 말고 5~7명!" 하고 외쳤더니, 남학생들은 비시시 웃는데 여학생들은 놀라 나자빠지면서 필자를 짐승으로 취급하였지. 내 이럴 줄 알고 적어도 3명은 낳아야 한다고 그렇게 강조했건만……. "배부른 고양이는 쥐를 잡지 않는다."고, 보통 가난한 사람은 부지런하지만 돈 있는 사람은 게으르다.

쥐는 분류학적으로 포유강 설치목 쥣과에 든다. 여기서 설치齧齒란 '갉는 이빨'이란 뜻으로, 위아래에 끌 모양의 앞니가 한 쌍씩 나 있어 끊임없이 자라 불편해지기에 그것을 닳게 하느라고 쥐들은 밤마다 딱딱한 나무나 전선을 부득부득 간다. 그런데 설치류들은 딱딱하고 야문 곡식이나 열매, 나무줄기를 먹는지라 만약 이빨이 자꾸 자라지 않았다면 결국 다 닳아 없어져 몽당 이빨이 되었을 것이다.

우리가 흔히 쥐라고 부르는 이른바 시궁쥐rat와 생쥐mouse는 어떻게 다를까? 일반적으로 말해서 생쥐는 시궁쥐보다 작으며 주둥이가 뾰족하고 귀는 둥글고 작으며 꼬리에 털이 없다. 분류상으로도 달라서 시궁쥐의 속명은 *Rattus*이고 생쥐는 *Mus*이다. 세계적으로 쥐는 64종이 분포하고 있는데, 그중에서 가장 잘 알려진 것은 시궁쥐[*Rattus norvegicus*], 곰쥐[*Rattus rattus*] 같은 집쥐다. 물에 흠뻑 젖어 몰골이 초췌한 모양을 비유적으로 "물에 빠진 생쥐"라 했겠다. 세계에서 30여 종이 되는 생쥐 중에서 가장 대표적인 것이 생쥐[*Mus musculus*]이다. 생쥐는 자연 상태에서는 긴 굴을 파는데, 드는 굴 말고도 도망 나갈 굴까지 만든다. 원래 야행성이고, 둔한 시각을 청각과 후각으로 보완하여 먹이를 찾거나 포식자를 피한다.

시궁쥐와 생쥐는 생식 활동이 비슷하니 출산 횟수가 1년에 6~7회로 많고, 한배에 낳는 새끼의 수도 6~9마리로 많으며, 포유 기간이 21일로 짧을 뿐만 아니라, 특히 임신 기간이 12~14일로 매우 짧아서 실험용으로 관찰하기에 좋은 조건을 두루 갖췄다. 그래서 시궁쥐와 생쥐를 순화, 개량하여 실험용 쥐로 사용한다. 쥐 실험은 유전적으로 질병을 일으키는 쥐를 만들어 질병 연구, 미로 학습, 과밀過密에 따른 정신 이상, 지능, 약물 남용, 유전자 분석 등에 쓴다. 실험이라는 것이 백발백중으로 행운의 결과가 나오는 게 아니고 흘린 땀에 정비례하여 수백 번, 수천 회를 애써 거듭하다 "소 뒷걸음질 치다 쥐 잡기"로 어쩌다 우연히 대어大魚를 낚는 것임을 주지하는 바다. 몹시 고생을 하다가도 좋은 운수가 터질 날이 있음을 일러 "쥐구멍에도 볕 들 날 있다."고 하니, 꿈을 버리거나 잃지 말지어다. 그나저나 필자의 아들도 실험실에서 생쥐를 갈구며 지내고 있으니, 사람 살리는 연구하느라 애먼 쥐만 족족 죽어 나가는구나.

흔히 "쥐꼬리만 한 월급"이라고들 하는데, 들쥐 꼬리는 몸길이보다 짧지만 집쥐 꼬리는 몸통보다 훨씬 길기에 쥐꼬리더러 작다는 것은 얼토당토않으며 결단코 어불성설이다. 쥐에게 꼬리는 높은 곳을 감고 오르거나 줄을 탈 때 몸의 균형을 잡아 주는 중요한 부위이다. 하루 종일 쥐 한 마리 얼씬하지 않다가 해 질 녘에 이쪽 바지랑대에서 저쪽 끝으로, 귀신같이 빨랫줄을 타고 쪼르르 내달리는 재주꾼이 바로 쥐다. "쥐 본 고양이"라거나 "고양이 앞에 쥐"란 말이 있다. 사람들 사이에도 천적이 있는지라 허풍을 떨다가도 이상하게 어떤 사람만 나타나면 "쥐구멍을 찾으며" 수굿하게 고개 떨어뜨리고 조용해지기도 하지. 그런데 요새 와서 유전자에 변이를 일으켜 고양이를 무서워하지 않는 쥐를 만들었다나? "쥐도 도망갈 구멍을 보고 쫓는다."고 했고, "궁한 쥐가 고양이한테 대든다."고 하지만 그저 그래볼 뿐이다.

쥐 이야기를 하다 보니, 생뚱맞게도 어머니가 가위로 싹둑싹둑 머리카락 잘라 주던 어렸을 때 생각이 새록새록 난다. 하나도 "쥐 뜯어먹은 것" 같지 않게 맨둥맨둥 잘 잘라 주셨던 어머니가 그리워진다.

떡두꺼비 같은
내 아들

'떡두꺼비'란 탐스럽고 암팡지게 생긴 갓난 남자아이를 비유적으로 이르는 말로 "떡두꺼비 같은 아들"이라는 표현으로 많이 쓴다. 두꺼비[*Bufo bufo*]는 양서류강 무미목 두꺼빗과에 속하며 수놈보다 암놈이 월등히 크다. 두 눈은 개구리처럼 우뚝 솟았고, 눈동자가 가로로 찢어졌으며, 살갗이 가죽같이 질기고 딱딱하여 보습이 잘 되기에 산자락과 같이 매우 건조한 곳에서도 잘 살고, 보호색은 그때그때 숨기에 알맞게 변한다. 우리나라에 사는 두꺼비는 중국, 내몽고, 일본, 러시아 동부 지역 등 아시아에만 사는 종으로, 옛날에는 장마철이면 이놈들이 길가에서 어슬렁거리다가 무시로 발길에 차일 만큼 흔했는데 요새는 영 보기가 힘들어졌다.

학명의 *Bufo*는 라틴어로 두꺼비라는 뜻으로 세계적으로 150여 종이 살고 있다. 우리나라 두꺼비속에는 두꺼비와 물두꺼비 2종이 있다. 두꺼비 등에는 울퉁불퉁하게 혹들이 한가득 나 있으며, 눈 뒤에 귀밑샘이라는 독선毒腺이 있어서 거기서 지방성의 하얀 독액이 나온다. 손에 묻을 경우에는 큰 탈이 없으나 눈에 들어가면 따갑다고 한다. 옛날 독일에서는 바이올린 연주가들이 연주 전에 두꺼비를 만져 손바닥에 땀이 나지 않게 했고, 남미의 인디언들은 독화살개구리의 독을 화살 끝에 묻혀 사냥을 했다고 한다. 우리나라에서는 두꺼비를 잡아 병에 넣고 놈들을 쿡쿡 찔러 귀밑샘에서 진한 독액을 분비하게 하여 그것을 약으로 썼다고 한다. 또 두꺼비를 조려서 기름을 짜 만든 두꺼비 기름은 피부병 약으로도 사용했다. 병은 하나여도 약은 만 가지라더니 두꺼비도 용한 약이 되는구나.

두꺼비를 만지면 사마귀가 생긴다거나, 사마귀에게 손등의 사마귀를 뜯어 먹게 하면 그것이 없어진다고 하는 미신 같은 것이 있는데, 그건 까치 배 바닥 같은 흰소리다. 두꺼비의 천적은 능구렁이 같은 큰 뱀으로, 자고로 천적 없는 생물은 없다더니 그 꺼림칙하고 독 있는 두꺼비도 천적은 있더라. 두꺼비나 개구리는 성체가 되면 꼬리가 없어져 버리기에 무미류無尾類라 하며, 대신 아주 작은 흔적만 남아 있으니, 너무 작아 마치 없는 것과 다름없을 때를 비유하여 "두꺼비 꽁지만 하다."고 한다. 두꺼비는 사람이 가까이 가도 도망치지 않고, 커다란 눈망울을 부릅뜨곤 멀뚱멀뚱 쳐다보면서 껌벅거린다. 의뭉한 사람이 남의 말이나 옛말을 끌어다가 자기가 하고 싶은 말을 할 때 "의뭉한 두꺼비 옛말 한다." 하는데 엉큼하고 음흉한 꼴로 제 할 짓은 다 하는 두꺼비다. 야행성인데도 날씨가 흐리거나 여름비가 오는 날에는 대낮에도 꿈적꿈적 기어 나와 먹이 활동을 한다. 개미, 거미, 민달팽이, 지렁이 나부랭이를 끈적거리는 혓바닥으로 잘도 잡아먹는다.

녀석들은 장마철이면 우리 집 마당에 뒤뚱뒤뚱 앉은뱅이걸음으로 기어들어 저지레를 했지. 아비규환阿鼻叫喚이 따로 없었다. 마루턱에는 벌통이 몇 개 있었는데 몹시 후안무치厚顏無恥한 이놈들이 벌통 어귀에 너부죽이 엎드려 바글바글 들락거리는 꿀벌을 날름날름 잡아먹었다. 뻔뻔스럽게도 그 큰 입으로 덥석덥석 다 잡아먹을 듯이 덤볐다. 그러다가는 삽시간에 다 털릴 판이라 그 분탕질을 두고 볼 수만은 없었다. 한시바삐 손을 써야지. 하여 부지깽이로 자치기하듯 그놈의 배 바닥을 치켜들어 멀찌감치 휙 내동댕이치곤 했다. 뿔난 나에게 등짝을 흠씬 얻어맞고도 어수룩하게 눈만 끔벅거리며 엎드려서 맹꽁이처럼 몸에 공기를 북북 집어넣어 몸을 한껏 부풀리고는 한번 해 보자는 듯이 한동안 그렇게 버티고 있었던 두꺼비. 미련한 곰이 따로 없다.

산란기가 되면 갈색이던 것이 암놈의 등짝이 붉어지고 수놈은 검은 회색을 띠어서 서로 구별이 된다. 두꺼비는 양지바른 산자락에서 월동을 하다가 날이 풀리는 4월 즈음엔 우물쭈물할 틈도 없이 서둘러 제가 태어난 물가로 떼 지어 엉금엉금 기어 내려온다. 두꺼비 수놈은 울음주머니를 가지고 있다. 하여 아예 미리 와 자리를 잡고 기다리는 수놈들의 시끌벅적한 사랑 노래를 듣고 암놈들도 앞서거니 뒤서거니 그리로 몰려온다. 아등바등 가열차게 한껏 힘을 겨뤄 이긴 놈이 암놈을 꿰찬다. 한참 들쳐 업는 '사랑의 껴안음'이 있은 뒤에 암놈이 탄생의 산란을 하면 세차게 포옹하고 있던 수놈이 그 위에다 정자를 버럭버럭 쏟는다. 그것이 두꺼비의 짝짓기로, 개구리와 마찬가지로 교미기가 따로 없다. 비교적 유속이 약한 계곡 주변의 수초나 돌에 날밤을 새워 600개 이상의 알을 줄줄이 낳아 붙여 놓는데, 10일 뒤 알에서 나온 새끼는 다시 어미, 아비가 살던 산으로 오른다. 3~4년 후에 성적으로 성숙하며, 수명은 5~6년이라 한다.

힘이 비슷하여 서로 다투어도 승부의 결말이 나지 않을 때 "두꺼비씨름 누가 질지 누가 이길지."라 한다. 예전에는 놀이터에 가면 거기서도 두꺼비들을 만날 수 있었는데, 옹골차게도 "두껍아 두껍아, 헌집 줄게, 새집 다오!" 하고 노는 조무래기들을 볼 수 있었다. 축축이 젖은 모래밭을 미주알고주알 후벼 파내고 거기에 고사리 같은 손을 집어넣어 손등 위의 모래를 토닥토닥 두드리고 나서 조심스레 손을 꺼내 어엿한 굴집을 지었다. 부서지면 또 짓고, 부수고 또 짓고……. 그런데 요즘에는 놀이터에서 모래를 만지며 노는 어린아이들을 통 볼 수가 없다. 놀이터 놀이 기구의 중금속이 어떻고, 모래에 기생충이 어떻고 하는 뉴스들을 보니, 돈 내고 입장하는 실내 놀이터에 아이를 데려가는 엄마들 마음도 이해가 된다. 아이들은 모름지기 자연에서 뛰놀아야 하는데, 떡두꺼비 같은 아들, 토끼 같은 딸을 낳아 놓고 너무 화분의 식물처럼 키우는 것은 아닌지 한번 생각해 볼 일이다.

그칠 줄 모르는 질주,
레밍 효과

먼저 레밍의 생태적 특성부터 살펴보자. 30여 종이나 되는 각양각색의 레밍lemming이 북극 지방, 알래스카, 시베리아에 살고 있는데, 그중 가장 대표적인 종이 노르웨이레밍[*Lemmus lemmus*]이다. 이들은 북극 가까운 툰드라나 삼림 지대에 사는 쥣과의 아주 조그만 설치류로서, 몸무게 30~110그램, 몸길이 7~15센티미터로 보드라운 털을 두껍게 잔뜩 껴입은 모양새고, 몸에는 회색, 갈색, 흰색의 때깔 좋은 무늬가 있다. 몸은 작달막하고 통통한 것이 다리는 짧고, 귀나 꼬리가 작고 짧아 매서운 추위에도 체열을 아낄 수 있다. 초식성이어서 식물의 잎이나 줄기뿐만 아니라 뿌리, 씨앗, 산딸기 등의 먹이를 찾아 하루에 6시간 이상을 헤매며, 다른 쥐나 생쥐처럼 앞니가 계속해서 자란다.

이들은 시린 겨울에도 월동하지 않으니, 높이 쌓인 눈 속에 깊은 굴집을 짓고 아주 활동적으로 눈에 파묻힌 먹이를 파 먹기도 하지만 추위에 먹을 먹잇감을 미리 비축하는 경우도 있다. 본래 단독 생활을 하지만 번식기에만 만나 짝짓기를 하고, 약 3주간의 임신 기간을 거친 후에 평균 7마리의 새끼를 낳으며, 수명은 1∼3년이다. 그런데 이상하게도 다른 동물들처럼 개체군 밀도가 규칙적으로 변동하는 것이 아니라 들쭉날쭉 아주 혼란스러워, 거의 3∼4년간 폭발적으로 늘다가는 순식간에 얼추 전멸하다시피 한다. 그리고 또 늘었다가, 사라지듯 없어진다. 그래서 안타깝게도 노르웨이레밍의 포식자인 올빼미, 여우, 늑대, 담비와 같은 동물들도 점점 그 수가 줄어 멸종 위기에 처했다고 한다.

노르웨이레밍의 우리말 이름은 '나그네쥐'로, 노르웨이, 핀란드 등지에 사는데, 주기적으로 한 번씩 개체 수가 크게 불어나서 새로운 먹이와 서식처를 찾아 다른 곳으로 떼를 지어 이동하는 습성이 있다. 개체 수는 터질 듯이 불고, 제일 중심 지역에 사는 쥐들은 숨막히게 조여드는 가위눌림을 이기지 못하고 급기야는 거침없이 밖으로 냅다 튄다. 태산명동서일필泰山鳴動鼠一匹이라, 태산을 울리어 세상이 떠들썩하게 움직이는데, 나타난 것은 고작 쥐 한 마리라고 했지만 이건 그게 아니다. 비슷하게 스트레스를

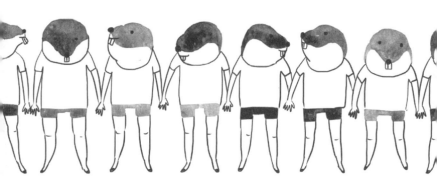

느껴 왔던 다른 쥐들도 "저게 왜 뛰어?" 하면서 죽을지 살지도
모르면서 우르르 따라나선다. 선두 그룹을 좇아 무리 전체가 뒤
처지지 않으려고 경쟁적으로 따라붙기 때문에 앞자리의 레밍은
바투 뒤따르는 레밍들 탓에 걸음을 멈출 수도, 대열에서 빠져나
올 수도 없게 된다. 결국 몇 날 며칠, 날밤을 새며 달려오다 보면
앞장선 녀석들은 드디어 바닷가 낭떠러지나 강가, 호숫가에 도달
하는데, 한 줄로 줄지어 움직이는 탓에, 뒤에서 몰려드는 녀석들
에게 떠밀려 멍하니 정신을 잃고 어쩔 수 없이 퐁당퐁당 빠져 삶
을 접는다. 집단 자살인 셈이다. 이처럼 집단의 무모한 행동이나
비이성적 쏠림 현상을 '레밍 효과Lemming Effect' 라 한다. 레밍 집
단의 이러한 죽음은 연신 주기적으로 어미 레밍이 떼거리로 죽어
줌으로써 개체군 밀도를 성글게 조절하여, 후대 레밍들이 서식하
기에 좋은 환경을 제공해 주기 위한 것이라고 한다.

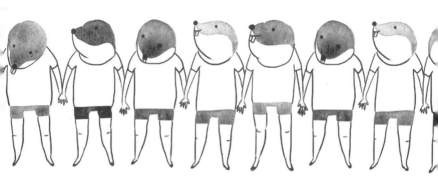

그런데 사람들이 여름 휴가철마다 죽기 살기로 바닷가 해수욕장을 찾는 것도 별반 다르지 않다. 고속도로에 늘어선 자동차들이 필자 눈에는 레밍으로 보인다. 애당초 생명체는 바다에서 생겨났다고 한다. 우리가 280일간 자랐던 어머니 자궁 속의 양수가 요상하게도 바닷물의 염도와 비슷하다. 그래서 누군가는 "어머니 몸 안에 바다가 있었네. 아이의 출산이란 바다에서 육지로 상륙하는 것"이라고 했다. 하여 어머니의 그 양수 닮은 광활한 바다가 그립고, 그 안에 한번 푹 담기고파 목숨 걸고 저렇게 바다로 몰려가는 것이리라. 그러므로 이 또한 여름휴가라 하여 너 나 할 것 없이 나그네쥐 되어 바닷가의 나그네가 되려는 레밍 효과인 것! 바다는 으레 물고기의 집이요, 고향일 뿐인데 말이지. 또한 별로 내키지 않는데도 단지 그런 스타일이 유행한다는 이유로 솔깃하여 물건을 마구 사거나, 주식, 금융, 부동산 시장에서 줏대

없이 남을 따라 하다가 쫄딱 망하는 것도 벼랑 끝에 선 레밍들과 다를 바 없다.

유사한 현상으로 '스탬피드 현상Stampede Phenomenon'이 있다. 여기서 '스탬피드'는 사람이나 동물들이 난데없이 한쪽으로 우르르 몰리는 현상을 뜻하는 것으로, 원래는 소나 말이 질서 정연하게 이동하던 도중에 그중 한두 마리가 발작적으로 뜀으로 해서 나머지들도 경쟁적으로 우르르 몰리고, 덩달아 거침없이 덤벙거리며 허둥지둥 날뛰게 되어, 앞에 달려가던 놈은 멈추려고 하지만 뒤따라오는 것들 때문에 멈출 수가 없는 경우를 말한다. 이렇게 판단력을 매우 흐려 놓아 누구도 통제할 수 없는 과격한 집단 행동인 폭주, 폭동 사태가 바로 스탬피드 현상이다. 더하여 우렛소리에 맞추어 천지 만물이 함께 울린다는 '부화뇌동附和雷同'또한 주체적인 생각이나 주장 없이 남의 의견에 맹목적으로 추종, 동조한다는 소인배들이나 하는 행동이다. 중언부언이지만 앞에서 말한 레밍 효과, 스탬피드 현상, 부화뇌동은 셋 다 쏠림 현상, 군중 심리와 비슷하다 하겠다.

어이쿠, 그런데 이거 큰일났다! 여태 여러분들을 미혹迷惑한 필자를 부디 용서하기 바란다. 레밍이 다음 세대인 어린 새끼들의 먹이와 서식처를 위해 집단 자살을 한다는 이론은 터무니없는 거짓 믿음에 지나지 않는다고 한다. 집단 자살이 결코 아니며, 헛

된 오판誤判, 오인誤認이라는 것이다. 진실은 다음과 같다. 레밍의 개체군 밀도가 심하게 높아지면 어떤 생물학적 충동에 따라 주기적으로 수백 마리가 집단으로 먹이를 찾아 시속 5킬로미터를 넘나드는 속도로 달떠 날뛰다가 해안의 벼랑이 너무 높아서 떨어져 죽거나, 강이나 호수가 너무 멀거나 넓어서 일부는 익사하여 그 주검이 즐비하게 너부러지기도 하는데, 사람들이 그것을 떼죽음으로 오해했던 것이다. 한데 이렇게 오해하게 된 데에는 허구한 날 미국의 디즈니 영화나 비디오 게임에서 레밍이 떼 지어 하염없이 달리다가 절벽에서 마구 뛰어내리는 장면을 곱씹어 방영한 탓이 아주 크다고 한다. 필자도 덩달아 그리 믿고, 딴에는 좀 안답시고 그렇게 가르쳤으니 유구무언有口無言이요, 지나가는 개가 웃을 일이다. 우스꽝스럽게도 이렇게 거짓이 참으로 여겨지거나 행동하는 수가 더러 있으니 만사를 직시直視할지어다.

피는
물보다 진하다

피는 몸무게의 약 8퍼센트를 차지한다. 따라서 성인의 경우 보통 4~6리터의 피를 몸속에 지니고 있다. 피는 혈관을 통해 온몸을 순환하면서 각 조직과 기관에 산소, 영양소, 호르몬 등을 공급해 주고, 이산화탄소나 요소 따위의 노폐물을 콩팥을 통해 배설하며, 병원균에 대한 방어 및 체온 조절도 한다. 혈액은 혈장과 혈구로 이루어지는데, 혈장血漿은 전체 혈액의 55퍼센트, 혈구血球는 나머지 45퍼센트를 차지하고 있다. 혈장의 90퍼센트 이상은 물로, 단백질과 지방, 당, 무기 염류 등이 녹아 있고, 혈구는 세포 성분으로 적혈구, 백혈구, 혈소판으로 구성되어 있다.

혈장은 단백질이 녹아 있어 일반적인 물보다 5배 정도 점도粘度

가 높고 누르스름하니 "피는 물보다 진하다."는 말은 백번 옳다. 혈장의 산도pH는 평균 7.4 정도로 유지되며, 삼투압은 0.9퍼센트이다. 즉, 인간 혈액의 염분 농도는 0.9퍼센트이며 이와 같은 소금물을 생리 식염수라 하니, 이 또한 피가 물보다 진하다는 증거이다. 혈액을 시험관에 넣어 두면 응고하여 응혈이 되고, 이것이 수축하여 암적색의 덩어리인 피떡과 담황색의 투명한 액체인 혈청血淸으로 분리되는데, 혈청 중에 함유된 알부민albumin과 글로불린globulin 단백질 탓에 피가 끈적끈적한 것이다. 이래저래 과학적으로 살펴본 바, 단백질과 염분 때문에 피는 물보다 진하다. 이 말이 혈육의 정이 깊음을 비유하는 말이라는 것은 독자들도 이미 잘 알고 있을 것이다.

혈액 세포 중 가장 많은 수를 차지하는 것이 적혈구이고, 백혈구는 혈액을 원심 분리했을 때 혈장층과 적혈구층 사이에 형성되는 흰색 층을 이루며, 이들은 이물질을 포식하여 소화시키고, 백혈구의 일종인 림프구는 항체를 생성하며, 혈소판은 거핵巨核 세포라 불리는 세포의 세포질 조각으로 미세한 과립의 형태를 띤다.

붉은피톨, 즉 적혈구는 피의 대명사다. 사람의 적혈구는 지름이 7~8마이크로미터로 모세 혈관을 겨우 지날 수 있는 크기이며, 가운데가 움푹 들어간 것이 도넛 모양을 하니, 모든 포유류의 적혈구가 다 그렇다. 처음 골수骨髓에서 만들어질 때는 핵核이 있었으나 적혈구 세포가 성숙하면서 핵을 잃어버리는 대신 그 자리에 헤모글로빈hemoglobin이 들어찼다. 헤모글로빈은 산소를 운반하는 데 중요한 것이기에 결국 핵이 없어진 것은 되레 유리한 적응인 것.

심장을 떠난 피가 팔다리에 산소를 전해 주고 다시 제자리로 돌아오는 데에는 약 23초가 걸린다. 적혈구의 수명이 약 120일임을 감안한다면 적혈구 하나가 평생 144킬로미터를 돌아다닌 셈인데, 지구 둘레를 4만 킬로미터로 봤을 때 지구를 몇 바퀴를 돌고 죽는 것일까? 몸에 있는 전체 적혈구 약 25조 개를 이어 줄을 세워 보면 그 길이가 17만 킬로미터이고, 총면적은 3200제곱킬로미터에 달한다고 한다. 그렇다면 '새 발의 피'에 지나지 않는 피 한 방울에는 적혈구가 과연 몇 개나 들어 있을까? 놀라지 마시라. 무려 3억여 개이다! 좀 더 구체적으로 보아 1세제곱밀리미터에 남성은 약 540만 개, 여성은 약 480만 개의 적혈구가 들어 있어서 남성이 여성보다 조금 더 많으며, 1초에 파괴되는 적혈구만 약 300만 개에 이른다고 한다. 1초에 300만 개? 아, 놀랍도다! 그러나 생멸생사生滅生死 하지 않는 것이 없으니 적혈구도 없어진 만큼 새로 만들어지는 것은 당연지사.

스포츠엔 적혈구가 문제다. 애초에 적혈구가 많아야 조직 세포에 산소를 넉넉하게 공급할 수 있으며, 강건한 운동선수들이 공기가 희박한 고산 지대에서 적응 훈련을 하는 것은 곧 적혈구를 차츰 늘리려는 것이다. 발등걸이 당하지 않으려고 재우쳐 '피를 말리며' 달리는 마라톤 대회 선두 주자들이 모조리 케냐, 에티오피아 등 아프리카 출신인 것이 예사롭지 않다. 왜냐고? 그들은 하나같이 고도가 높은 지방 출신이다. 보통 사람들보다 그만큼 적혈구 수가 많아 산소 공급 능력이 뛰어나기 때문이며, 결국 '피 끓는' 젊은 운동선수들의 지구력은 산소를 얼마나 세포에 잘 공급하느냐에 달린 것이다. 그래서 운동선수들이 시합 전에 간혹 '적혈구 주사'를 맞기도 하는데, 그것은 불법이라 '피도 눈물도 없는' 도핑 테스트에 걸리고 만다.

그런데 왜 피는 붉을까? 피가 붉은 것은 궁극적으로 철분이 산화한 산화철酸化鐵이 붉은 탓이다! 적혈구에 든 색소 단백질인 헤모글로빈$C_{3032}H_{4816}O_{872}N_{780}S_8Fe_4$은 헴hem 단백질과 철Fe 원소가 들었고, 한 사람의 몸에 들어 있는 약 4그램 정도의 철 중 60퍼센트는 헤모글로빈에 있다고 한다. 동물의 헤모글로빈에는 산소가 붙었다가 떨어졌다 하며 포화와 해리를 반복하는데, 붉게 녹슨 쇠는 그렇지 못하다. 늙음은 낡은 것이요, 녹슨 것이라는데, 차라리 닳아서 사라지리라.

적혈구의 주 임무는 산소를 녹이는 것이다. 산소는 거의 물로 이루어진 혈장에도 녹아들 수 있지만, 헤모글로빈은 물보다 약

60~65배 정도 더 많이, 더 쉽게 산소와 결합할 수 있다는 장점이 있다. 뿐만 아니라 세포에서 대사 과정에서 생성된 이산화탄소도 운반해 준다. 그런데 헤모글로빈은 산소보다 일산화탄소와 결합하는 힘이 250배나 더 강해서 일산화탄소가 적혈구에 쉽게 달라붙어 버려 산소가 모자라게 되는데, 그것이 바로 연탄가스 중독이다.

헤모글로빈은 4개의 헴heme과 글로빈globin 단백질로 이루어져 있기 때문에 1분자의 헤모글로빈은 많게는 4분자의 산소와 결합한다. 적혈구는 특이하게도 다른 세포들이 다 지니고 있는 미토콘드리아mitochondria가 없다. 미토콘트리아는 우리가 쓰는 모든 힘과 열을 만드는 세포 소기관인데, 적혈구에는 이것이 없어 물질 대사 기능을 거의 하지 못한다. 산소를 운반하는 적혈구가 막상 자기는 그 산소를 쓰지 않으며, 이렇게 산소 없이도 적혈구는 무탈하기에 헌혈을 위해 뽑은 피를 한 달 넘게 보관할 수 있단다. 아무튼 우리의 피에는 범상치 않은 야릇한 생명이 흐른다!

입술이 없으면
이가 시리다, 순망치한

입적할 날이 얼마 남지 않은 노스님께 제자 몇이 찾아가 가르침을 청했다. 노스님은 잠깐 동안 망연히 먼 산을 바라보다가 이윽고 고개를 돌려 제자들을 물끄러미 쳐다보면서, 갑자기 입을 날름 벌려 보였다.

"내 이가 남아 있느냐?"

"없습니다."

"그럼 내 혀가 남아 있느냐?"

"예, 있습니다."

"단단한 것이 먼저 없어지고 부드러운 것이 오래 남는 법이다. 천하의 이치가 다 이 안에 있나니……."

그렇다! '유능제강柔能制剛'이라고, 부드러운 것이 오히려 능히 굳센 것을 이긴다. 비슷한 '외유내강外柔內剛'이란 겉은 부드러우면서도 안은 아주 단단한 사람, 남에게는 겸손하고 온유하면서도 자기에게는 빈틈없고 엄격한 사람을 이른다. 본격적으로 입술부터 살펴보자. 위아래의 두 입술을 잔뜩 오므리고 입을 다물어 보라. 그렇다. 입술은 원래 입안에 있던 조직이 한데로 감겨 나온 것이다. 거울에 비춰 보니 입술과 입술 안이 발갛게 똑같지 않은가. 입술은 얼굴 중 입의 가장자리 부위에 도도록이 붙어 있는 얇고 부드러운 살로, 입술에는 멜라닌 세포가 없고 모세 혈관이 많아 유난히 붉게 보인다. 그러나 건강이 좋지 못하면 까칠하면서 푸르죽죽하거나 창백하다. 한마디로 입술의 색은 건강을 보여 주는 것으로, 여성들이 그토록 붉은 립스틱을 바르는 것은 "나 이렇게 건강하니 사랑해 달라."는 홀림의 표시가 아니겠는가. '단순호치丹脣皓齒'라는 한자 성어가 '붉은 입술에 하얀 치아'를 가진 사람이라는 뜻으로 곧 미인을 의미하는 것도 같은 맥락이다.

입술은 먹고, 소리 내는 데 긴히 쓰일 뿐만 아니라 입을 불쑥 내민다거나 비틀어 감정을 표현하기도 한다. 입술에는 말초 신경이 많이 모여 있어 촉각과 온도에 예민하다. 그래서 입맞춤으로 친밀감과 애정을 표시하기도 하지. 입술에 관한 속담이나 관용어도 많은데, 거짓말을 천연덕스럽게 꾸며 대는 것을 비난할 때

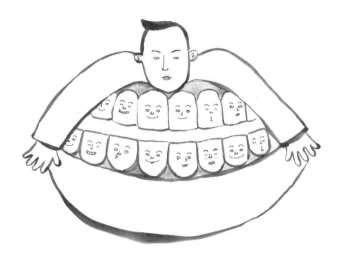

"입술에 침이나 발라라."라고 하고, 북받치는 감정을 힘껏 참거나 어떤 결의를 굳게 할 때 "입술을 깨물다."라는 관용어를 쓴다.

다음은 이齒 이야기다. 이빨이라는 말은 동물들에 쓰는 것이므로 섣불리 사람에게는 사용치 않는 것이 옳다. 말에도 다 품격이 있더라. 하여튼 이는 입술과 참 가까운 이웃이다. '순망치한脣亡齒寒'이란 말이 있으니 "입술이 없으면 이가 시리다."라는 뜻으로, 이해관계가 서로 밀접하여 한쪽이 망하면 다른 쪽도 보전하기 어려움을 비유한 말이다. 쉽게 말해서 입술과 이는 서로 돕고 사는 참 가까운 관계라는 말이다. 그런데 난데없이 왜 이 대목에서 집사람 생각이 나는 것일까? 내가 죽거나 그 사람이 가는 날엔 누가 먼저든 그야말로 순망치한 꼴일 것이다. 하지만 남자가 먼저 가는 것이 순리라 하더라.

입술을 젖히고 보면 그 안에는 이가 "나 여기 있소." 하고 쏙 모습을 드러낸다. 이는 실로 더할 나위 없이 귀하기에 예부터 '오복五福'의 하나로 손꼽았다. 오복은 보통 수壽, 부富, 강녕康寧, 유호덕攸好德, 고종명考終命을 이른다. 오래 살고 돈이 많으며 건강하게 덕을 베풀며 제 명대로 살다가 편안하게 죽는 것을 말한다. 어머니가 늘 "자는 잠에 죽어야 하는데."라고 말씀하셨지. 그땐 그 뜻을 몰랐으나 이제 이리도 실감 난다. 그것이 최고의 복이렷다! 사람은 젖니 20개로 지내다가 모두 다 빠지고 새로 간니 32개를 가지고 죽을 때까지 산다. 그러나 이도 낡고 늙는지라 나이 지긋하면 금세 닳아빠지고 곧 삐뚜름해지면서 헐렁헐렁 내려앉는다. 말도 많고 탈도 많다.

"앓던 이 빠진 것 같다."는 속담이 있다. 치통이 얼마나 아팠기에 그런 말이 생겼겠는가. 이는 턱뼈에 박혀 있고 시멘트질로 단단하게 붙어 있는데, 이의 겉면 에나멜질이 세균 침식으로 구멍이 나면 신경과 혈관이 노출되기에 마뜩찮은 것이 몹시 시리고 아프다. 그래서 3·3·3 법칙으로 하루 3번, 식후 3분 안에, 3분간 이를 잘 닦아 주라는 것. 옛날엔 "이가 없으면 잇몸으로 산다."고 했는데, 요새는 틀니는 물론이고, 턱뼈에 나사를 박아 심는 인공

치아, 임플란트도 대중화됐다. 이가 매우 중요하다는 뜻으로 "이가 자식보다 낫다."고 했고, "이 아픈 날 콩밥 한다."고 곤란한 처지에 있는데 더욱 곤란한 일을 당하게 됨을 뜻하는 속담도 있다.

어쨌거나 필자도 틀니 걸었던 자리까지 빠져 어쩔 수 없이 임플란트를 8개나 심었다. 입안에 자동차 한 대가 들었다고 농담한다. 이렇듯 '잇금도 안 들어가는' 이 험한 세상을 '이를 사리물고' 모질게 살아 볼 것이다. 거센 질풍에도 꺾이지 않는 굳센 풀을 질풍경초疾風勁草라 한다지. 아무렴 이 심어 이토록 볼따구니가 합죽이 안 되고 사는 것만 해도 최고 행복이다! 이다지도 고마운 세상!